LANDSCAPE ARCHITECTURE
景观设计学

律师声明

北京市中友律师事务所李苗苗律师代表中国青年出版社郑重声明：本书由著作权人授权中国青年出版社独家出版发行。未经版权所有人和中国青年出版社书面许可，任何组织机构、个人不得以任何形式擅自复制、改编或传播本书全部或部分内容。凡有侵权行为，必须承担法律责任。中国青年出版社将配合版权执法机关大力打击盗印、盗版等任何形式的侵权行为。敬请广大读者协助举报，对经查实的侵权案件给予举报人重奖。

侵权举报电话

全国"扫黄打非"工作小组办公室
010-65233456　65212870
http://www.shdf.gov.cn
中国青年出版社
010-50856028
E-mail: editor@cypmedia.com

版权登记号： 01-2015-3388

图书在版编目（CIP）数据

景观设计学／（英）霍尔登，（英）利沃塞吉编著；朱丽敏译.
— 北京：中国青年出版社，2015. 8
书名原文：Landscape Architecture: An Introduction
ISBN 978-7-5153-3472-1
I.①景… II.①霍… ②利… ③朱III.①景观设计　IV.①TU986.2
中国版本图书馆CIP数据核字（2015）第151221号

本书如有印装质量等问题，请与本社联系
电话：(010) 50856188／50856199
读者来信：reader@cypmedia.com
投稿邮箱：author@cypmedia.com
如有其他问题请访问我们的网站：http://www.cypmedia.com

景观设计学

[英]罗伯特·霍尔登　[英]杰米·利沃塞吉／编著　朱丽敏／译

出版发行： 中国青年出版社
地　　址： 北京市东四十二条21号
邮政编码： 100708
电　　话： (010) 50856188／50856199
传　　真： (010) 50856111
企　　划： 北京中青雄狮数码传媒科技有限公司
策划编辑： 赵媛媛　陈　皓
责任编辑： 刘稚清　张　军
助理编辑： 赵　静
封面设计： 郭广建
印　　刷： 北京凯德印刷有限责任公司
开　　本： 889 x 1194　1/16
印　　张： 13
版　　次： 2015年8月北京第1版
印　　次： 2020年2月第3次印刷
书　　号： ISBN 978-7-5153-3472-1
定　　价： 69.90元

LANDSCAPE ARCHITECTURE

景观设计学

【英】罗伯特·霍尔登 (Robert Holden)

【英】杰米·利沃塞吉 (Jamie Liversedge) 编著

朱丽敏 译

中青雄狮

中国青年出版社

目录

导言

巴黎雪铁龙公园（Parc Citroën Cévennes）

能真正理解景观设计实际涵义的人很少：它代表的是绿化种植的方法？或者是建筑物之间的空间布置？确实，景观设计包含了这两方面的内容，但其专业内容实际上还要更为宽广。本书的目的就是对于景观设计是什么以及在未来的 40 至 50 年间它可能的发展情况予以一个全面的概述。本书尤其可以解答那些正在考虑选择景观设计为职业的人们心中的疑问。

简而言之，景观设计师的工作是规划、设计及管理景观。景观设计师是一种建立在对于景观的理解之上的、以美学为基础的职业，而理解景观所需的知识包括土地科学、地质、土壤、水文、植物学、园艺学和生态学知识，以及生物学、化学和物理学知识。

景观设计专业最初是从园林设计专业发展而来，而且实际上景观设计与园林设计也一直是有联系的，两者之间最关键的区别是园林往往倾向于封闭式设计并且通常是为私人而设计的，而景观设计则更多涉及开放空间和公共区域，以及人类开发活动和自然环境之间的关系。因此，景观设计更关注公共利益、社会价值、人类发展及其对土地的影响。此外，景观规划的规模可能是区域性的，也可能是国家范围的，比如景观设计师能够对整个农业景观和森林地带进行全新设计。景观的概念也包含了城市景观，因

此，景观设计专业也涉及城市设计。另一方面，虽然起源于设计，但一些景观设计实践是以规划和管理为基础的，例如在某些公园和花园，会有一些园林设计和景观设计的重叠内容。一些景观设计师往往也会涉及多个领域，比如本书的两位作者都是景观设计师，他们既承接过私人花园的设计任务，也参与过大型的规划项目；既做过环境评估工作，也做过城市设计项目。

如果说 19 世纪的景观设计是由园林设计发展而来的，并以审美为初衷，那么在 20 世纪景观设计就更为关注生态问题。到了 21 世纪，景观设计进一步发展，越来越关注可持续发展。现在，景观设计会涉及气候变化及生物多样性等问题，当然，与此同时，它依然还注重视觉审美。总的说来，景观设计是一门基于科学认识的应用艺术。

编者注："landscape architect"在我国通常被翻译为"景观设计师"，有时候也被翻译为"景观建筑师"。在其他一些国家如法国和讲法语的加拿大、瑞士、比利时等国家，因为"建筑师"作为专业用语受到保护，所以"landscape architect"被称为"景观设计师"。

A

B

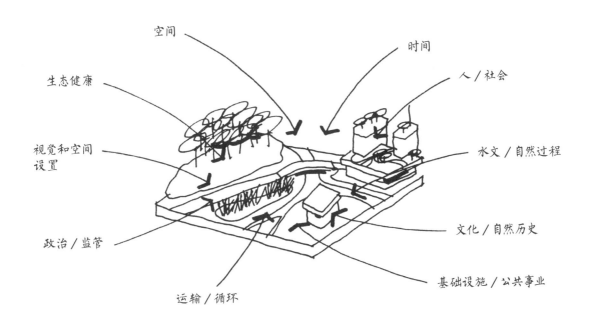

空间

时间

人／社会

生态健康

视觉和空间
设置

水文／自然过程

政治／监管

文化／自然历史

运输／循环

基础设施／公共事业

C

公共区域的景观设计：
A. 纽约高线公园（the High Line）
B. 伦敦南岸中心（the South Bank）

应用于私人开发的园林设计：
C. 塞浦路斯阿佛洛狄忒山度假村（Aphrodite Hills resort）

景观设计师的客户通常是社会团体(如中央与地方政府、公益机构)或者公司(如开发商)。典型的景观设计工作通常是以私人咨询公司的形式开展,这种公司可能只有一个人,也可能由较大的团队组成。此外,景观设计师的工作可能涉及多个学科,如建筑、规划、工程和城市设计等多方面的顾问工作,有时也会为采石和林业公司提供相关咨询服务。在英国,有许多景观设计师是由中央及地方政府,或者由国民托管组织(National Trust)或基础建设托管委员会(Groundwork Trust)等公益机构直接雇用的。

景观设计师很难变得富有,因为他们所得的报酬通常要比其他一些与开发相关的专业人士低些,例如建筑师、工程师和勘测师,尽管这一状况在许多国家已开始有所改变。在英国,据风景园林协会(The Landscape Institute)报告,2012 年注册景观设计师的平均年薪是 41055 英镑。而在美国,据其劳动部 2010 年报告的数据,注册景观设计师的平均年薪是 62090 美元(与英国基本等同)。虽然这两个数字都高于这两个国家的平均年薪,但景观设计师确实不算是一种高薪职业。

得益于电视的传播作用,一些大厨和园艺师享有了很好的公众形象,但景观设计师却未能受益于此。不过,由于景观设计师通常会介入大量的管理工作,因此还是有着较高回报的,毕竟这是涉及处理重要环境问题的职业,而多数城镇和城市 60%的内容是由街道、庭院、花园和公园组成的,它们一起形成了所谓的"开放空间"——这就是景观设计师的职责范围。其实,我们居于其上的所有土地都是景观设计师关注的内容。

景观设计的项目范围非常广。
A. 巴黎雪铁龙公园: 在老工业基地上建设的城市公园
B. 迪拜阿勒玛斯大楼(Almas Tower): 中东地区的城市设计
C. 伦敦塔楼大厦(Tower Place): 商业开发性城市空间
D. 伦敦 2012 年奥林匹克公园(London 2012 Olympic Park): 利用举办世界性重要活动的契机改造城市废弃地,建成了具有深远影响的景观项目
E. 荷兰 1992 年祖特尔梅尔园艺博览会(Zoetermeer Floriade): 国际博览会
F. 巴黎狄德罗公园(Parc Diderot): 城市邻里公园
G. 伦敦驳船花园住区(Barge Gardens): 造价经济、可持续发展的城市住宅
H. 巴黎城市大轴线(the Grand Axe): 城市规划
I. 英国莱斯特商业街(Highcross Quarter): 城市设计
J. 荷兰 2012 年芬洛园艺博览会(Venlo Floriade): 国际博览会

B

A

C

景观设计师需要对施工技术较为了解，并透彻掌握植物学知识。

A. 阿姆斯特丹韦斯特帕克公园（Westergasfabriek）：原生态湿地种植

B. 摩尔伦敦开发区（More London）：小溪和灵活布设的基尔肯尼蓝色大理石

C. 英国萨里佩因斯希尔公园（Painshill Park）：此处保存的植物最早可追溯至 18 世纪
40 至 50 年代

D. 英国利物浦一号开发区的查维斯公园（Chavasse Park, Liverpool One）：为城市
商业购物中心和开放空间发展而布置的速效种植

E. 德国德累斯顿 Gorbitz-Kräutersiedlung：为居住区的改造而设计的洼地和可持续
排水系统

F. 迪拜巴基曼中心（the Bur Juman Centre）：室内种植

G. 法国里尔市的费德荷伯街（Rue Faidherbe）：道路施工细节及街道家具设计

什么是景观设计?

景观设计师的工作内容包括两个方面:一方面,在外部,需要与许多不同的人打交道;另一方面,在办公室里也有很多工作需要做,可能要在电脑前持续工作数小时甚至几天。一般说来,想成为一名成功的景观设计师,必须满足以下这些条件:

· 能够设计和绘图;
· 能够撰写方案并进行展示,能够在保留场地原有优点的基础之上,提出改进建议。
· 能够与他人合作共事,沟通想法;
· 对建设、建筑材料及其使用和装配方式具有技术性的理解,同时,拥有化学、物理和建筑业程序等方面的常识;
· 透彻掌握植物学知识,懂得如何栽培及管理植物;
· 了解地质学、土壤学和地形学,了解土地的形成,以及人类学、植物学和动物生态学;
· 有耐心,因为景观项目的周期可能会很长,也许长达数年甚至是数十年。例如杰弗里·杰利科(Geoffrey Jellicoe)从1940年就开始负责英国德比郡Hope水泥厂和采石场的项目,而直到20世纪90年代,他仍在为该项目提供咨询建议;
· 擅理财务。景观设计师被委以花费他人之钱的重任,所以必须尽心尽责并能够详尽地说明开支。景观设计师需要懂得管理,做好各种记录,参与并经常主持会议。

现代英语中的 "Landscape"(景观),也常被拼写为 "Landskip" 或 "Lantskip",在17世纪成为了一个常用单词。它来源于荷兰语 "landschap",最初是一个绘画上的术语,表示 "与海景相异的内陆风光图画",但很快该词的含义就有所扩展,被用来表示 "肖像画中作为背景的风景" 以及 "内陆风景" 和 "鸟瞰图"(自1723年起)。今天 "景观" 一词的主要含义是 "一片被认为具有视觉特色的广阔地域"[据《美国传统英语词典》(The American Heritage Dictionary of the English Language)]。而根据《欧洲景观公约》(European Landscape Convention)的定义,"景观" 是指被人们感知的一块地域,其特征的形成源于自然因素和人为因素的单独作用或相互作用。简而言之,景观其实就是指被人们观察或感知到的土地。

A. 具有优雅结构设计的预制混凝土步阶
B. D. Paysage 公司在巴黎的事务所,该事务所是一处典型的中型景观设计事务所[法语一般称之为 "ateliers"(工作室),这个词听起来不那么企业化,表明该职业在法国更为追求创意设计]

A

B

深刻理解生态学、园艺学,能因地制宜地布置植物,是景观设计专业的基本要求。

A. 利物浦一号开发区: 草的使用

B. 佛得角共和国萨尔岛的里加罗帕酒店 (Hotel Riu Garopa): 棕榈树

C. 法国里尔的巨人花园 (Le Jardin des Géants): 公共园林里种植的高大草本植物

D. 摩尔伦敦开发区: 单一聚植及块状树篱的运用

E. 荷兰 2012 年芬洛国际园艺博览会: 草本花卉展示

F. 荷兰阿姆斯特尔芬的蒂济公园 (Thijsse Park): 使用本地泥炭沼泽植物的可控教育展示

G. 塞浦路斯阿佛洛狄忒山的肯奇别墅花园 (Kench Villa Garden): 地中海植物

H. 英国肯特郡哈德劳大学 (Hadlow College) 的迈赫迪花园 (the Mehdi Garden): 大型草本植物的运
   用和秋色展示

I. 西班牙巴塞罗那植物园 (Barcelona Botanic Gardens): 地中海气候区的植物

景观设计与场所密切相关：没有场所，景观设计就没有存在的理由。"场所精神"的经典理念，或者说场所最重要的灵魂所在，就是以景观设计为中心的实践活动。景观设计师要能够"读懂"景观，了解影响其形成的文化力量。人类文明的故事也是土地开发的故事：森林被清除，以创造农田和牧场；矿物被开采，原有的土地所有权模式由于经济、社会和政治的原因被重组。土地就是一种记录人类文明发展的文献。

可以用"重写本"来比喻景观。重写本是中世纪抄写员所用的羊皮，当他们需要再次利用这些宝贵的羊皮时，会先用刀刮掉原先的文本，再在还带有旧痕的羊皮上写上新的内容。因此，一个重写本会遗留有以前写作的痕迹。这与许多景观的开发方式相类似，比如一处景观中含有罗马时代的道路，同时它又与史前人的路线及凯尔特人的田地系统相交叉，其中遗存的中世纪鱼塘则变成了观赏性湖泊。

景观设计学的定义包含了艺术、科学及景观管理等方面的内容。国际景观设计师联盟（the International Federation of Landscape Architects，IFLA）于 2003 年向国际劳工组织（International Labour Organization）提议将景观设计师加入到国际职业分类中，并将该职业描述为："景观设计师对外部环境和空间进行研究并提出规划、设计及管理方面的建议，其工作包含建成环境、环境保护和可持续发展等丰富的内容。"

鉴于景观设计专业起源于美国，我们也应该来看看成立于 1899 年的美国景观建筑师协会（the American Society of Landscape Architects，ASLA）对该专业的描述："景观设计专业包含对自然及建成环境的分析、规划、设计、管理和维护。"这个定义提出了一种更全面和综合的工作方式，它在管理之外还特别强调了维护，并在 IFLA 定义中的"规划"、"设计"和"管理"之外加了"分析"这一项。依据过去 20 年间"景观特征评价"的发展情况来看，这样的定义具有重大意义。

景观设计是一个集设计、规划和管理三位一体的专业。

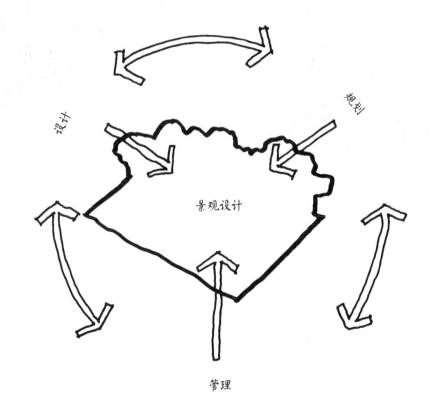

译者注：the International Federation of Landscape Architects (IFLA) 在我国通常被翻译为"国际风景园林师联合会"，少数时候也被翻译为"国际景观设计师联盟"，这主要是因为在我国的高校，风景园林专业历史悠久，而景观学专业出现的时间较晚。

最后，我们还应该来看看欧洲最古老的专业机构给出的定义。成立于1913年的德国景观建筑师联盟（Bund Deutscher Landschaftsarchitekten, BDLA）提出："景观设计表达时代之精神，是一种包含对景观的保护及解读两方面内容的文化语言。景观建筑师结合生态意识和专业规划能力，他们评估及论证规划的可行性并实现项目，他们对自然保护区，对环境与人类社会和建成环境的相互影响都承担着创造性的责任。"BDLA的定义中较为重要的一点是，它将景观看做一种文化建设（"一种文化语言"），并包含了生态意识。另外它还强调了该专业的执行性：景观建筑师"实现项目"，BDLA在自身的名称里使用"建筑师"（architekten）这一单词也明确表述了这一点。不过请注意，景观建筑的本质在不同的国家及不同的景观中意义是很不相同的。在英国，风景园林协会涉及景观管理和景观科学会员资格等方面的内容，这是非典型的。在其他大多数国家，景观设计师的专业协会强调设计和规划，自然保护主义者也可加入成为会员。在一些国家，"景观建筑师"这一术语很少被使用。例如在俄罗斯，景观建筑师大都毕业于绿化工程专业；在法国和西班牙，景观建筑师则不被允许在他们的称号中使用"建筑师"这一受保护的专业用语，因此他们自称为景观设计师；在德国，景观规划是非常重要的，许多政府的景观设计师本身就是规划师；在英国，城市规划作为单独的专业已经发展得很好，因此与德国等其他国家相比较，这里从事城市规划的景观设计师很少；在美国，景观设计师经常承担房地产的地块规划及道路布局设计，在另一些国家，这些任务则由勘测工作者或土木工程师来完成。

A. 荷兰阿姆斯特尔芬的蒂济公园，显示了一种生态意识，表现了泥炭地类型的栖息地

本书的结构

本书的第1章首先介绍景观设计的专业范围,关注其起源和历史发展,随后着重诠释它与政治及经济力量的关联。接着我们会对景观设计所涉及的美学和环境因素进行探讨,并对在过去半个世纪内影响了景观设计的某些生态和可持续发展的观点予以溯源及概述。

在第2章里,我们会分析设计前期工作,探讨设计总则的定义,并评论景观设计师的客户类型。我们还会简要地讨论费用,并对投资成本、管理维护费及税费进行区分说明,这就引出了一场关于费用的讨论。最后,我们会介绍作为设计前期工作一部分的场所知识。场所知识是制定设计总则的基础,同样也是景观建筑设计的基础。

在第3章,有一个关于设计、设计过程及设计基本要素的陈述,例如设计基本要素包括了场所、灵感、层次、人体尺度、线性关系、颜色、形式和肌理、人流等,以及关于过程和变化的观点。

在第4章,我们讨论展示设计内容的不同技术手段,例如手绘图、数码设计、模型制作及影片和录像、测绘和建筑信息模型(Building Information Modelling)、地理信息系统(Geographic Information Systems)、理论可视区域(Zones of Theoretical Visibility)、报告写作和公开演示等等。

第5章介绍项目的协调和实施,重点讲述设计团队的本质,并介绍公园经济及长期管理。在这一章我们将更为详细地介绍景观项目的投资成本。

第6章讲述如何才能成为一名景观设计师,内容包括如何申请大学的课程、如何在求学(包括实习)期间获得工作经验、如何获得一份工作,以及如何成立自己的事务所。

最后,在第7章,本书将对景观设计师的未来机遇及其将要扮演的角色进行审视。

本书所有的案例研究都是为了说明和解释文中的要点,并为其提供背景语境。

B. 景观设计涉及的范围很广泛,它常常是场所营造的重点。图示为纽约"911纪念广场"(9/11 Plaza)的水景,由迈克尔·阿拉德(Michael Arad)和彼得·沃克(Peter Walker)设计

第1章
景观设计的历史：
变化中的实践和关注点

位于英国白金汉郡的斯陀园（Stown Gardens）是
英格兰地区最负盛名的 18 世纪景观花园。设计师是
查尔斯·布里奇曼（Charles Brigeman）和威廉·肯
特（William Kent）

花园、公园、乡村和城市聚落的历史对当前景观建筑和设计的实践是非常重要的。就像许多其他的艺术形式一样，景观设计也处于与其过去及源头的持续对话之中。要想成为一名优秀的景观设计师，很有必要了解该学科跨世纪的发展和专业实践重点的不断变化，其中需要重点关注景观设计专业的历史，因为对历史的考察能使我们认清自身在时间洪流之中的位置，甚至有时候可以帮助我们对未来做出预测——当然，未来是处于变化中的。本章将对上述内容进行详细介绍。

开端

园艺是一项古老的活动，当人们开始在城镇之中居住时，这项活动就开始了。可以说，植物栽培是人类从游牧狩猎和放牧向农业聚落发展的重要一步，它影响了人们大规模的群居生活。

园林设计在历史上有着广泛的需求，因为它能体现贵族生活的闲适富有。美索不达米亚文化发展了公园的理念，该理念后来引出了中世纪的狩猎场和皇家公园。到了19世纪，又产生了公共市政公园。埃及和罗马文明也曾培育出了公园和花园。在城镇，花园通常是紧邻房屋的封闭式庭院；而在乡村，花园和公园则通常是一系列被组织得像户外房间一样的围合空间。

在东亚，我们所知道的第一个花园出现在中国。中国的园林营建也许从商朝（公元前1600年-公元前1046年）就开始了，至公元前221年的秦王朝时期则已确实有园林存在了。最早的皇家园林据说是位于咸阳由汉武帝刘彻于公元前138年在秦朝的一个旧苑址上扩建而成的上林苑。与西方一样，中国也有狩猎园、皇家花园，以及被称为"文人园林"的商人和官员的私家花园。日本园林的发展较晚，且受到了中国园林的较大影响，但最终日本园林在公元10世纪达到了较高的水平。日本园林有宫殿园林、私人园林和寺庙园林等等。

每一种文明都影响和塑造了景观。

A. 英格兰苏塞克斯的菲什本罗马宫廷花园（Fishbourne Roman Palace Gardens）
B. 公元1世纪的菲什本罗马宫殿（Fishbourne Roman Palace）模型，其布局阐述了罗马建筑的对称性
C. 希腊雅典卫城（The Acropolis）：雅典建筑的不对称性
D. 西班牙格拉纳达的阿尔罕布拉宫（Alhambra Palace）的奈斯尔王朝宫殿（The Nasrid Palaces）：守望台、封闭式庭院和花园的集合体

A

B

C

D

A

22

A. 城堡花园: 中世纪城堡花园中有许多小块土地和鲜花盛开的草坪，这幅手绘插图来自《游乐花园》（Garden of Pleasure），它展示了弹琵琶的人、开满花的草坪、一座精致的喷泉和一条水沟，花园的边界由格栅和果树共同围成
B. 法国卢瓦尔河谷的维朗德里城堡（Château de Villandry），一个20世纪20年代文艺复兴风格花园的理想模式

B

鉴于北美及欧洲的景观设计专业起源于19世纪的工业化城市，考察在不同的时期历史上的著名案例对当时景观设计实践的影响是很有意义的。中国园林含有一种借景的思想，这种思想可以使宽广的世界也成为花园图画的组成部分。相比之下，中世纪的欧洲花园则侧重探索游乐园的浪漫元素，是一种为愉悦而建的围墙式花园，像一处隐居场所。

文艺复兴时期的园林是基于人们学习和复兴古典文化的愿望而创造的一种关于自然的理想模型: 广阔、正式并具有完美的对称性。因此，筑园的首要事项是对几何图形的思考，然后是对罗马众神的探讨。基于人们在意大利大旅行（the Grand Tour）中的所见所闻，18世纪的英国风景园林复兴了古罗马的思想。来自中国园林的思想，

如错落有致或者说是故意的不规则也间接影响了英国的风景园林，这就像罗马花园曾作为理想化事物对18世纪早期的风景园林师产生过影响一样。而后在18世纪后期，印度花园的基本形式也被介绍到了西方。

当欧洲开始探索美洲、非洲、印度、中国及太平洋地区时，所有这些活动都伴随着新的园艺发现和植物收藏家的热情。在18和19世纪，俄国的园艺大师和植物学家不断地向东方探索，直至抵达西伯利亚和喜马拉雅山脉。当殖民者希望在新的土地上复制他们原有土地的景象时，植物也被从欧洲移植到其他大陆。

像伦敦郊区的邱园（Kew Gardens）这样的植物学和园艺学研究中心，扮演了植物交换所的角色。例如，通过邱园，橡胶树从巴西传到了马来西亚，而印度茶树则被移植

到东非去培育了。

虽然庭园景观和园林设计有着悠久的历史，但景观设计是个相对较新的专业，不过同时它也是一个在未来大有前途的专业。

景观设计作为一种专业的发展

在 19 世纪, 景观设计师的先驱是风景园林师, 如英格兰的汉弗莱·雷普顿 (Humphry Repton) 和约瑟夫·帕克斯顿 (Joseph Paxton), 以及北美的安得鲁·杰克逊·唐宁 (Andrew Jackson Downing)。他们先是设计私家花园和地产, 后来随着城市的发展, 又开始设计公园。这门学科的范围于是从对景观的视觉欣赏发展到涵盖了整个人类与土地的自然关系。在某种意义上, 景观设计从私家花园设计向更广阔的人工环境转移的发展, 可以被视为一种民主化运动, 兼顾了公众与私人的利益。

美国建筑师卡尔弗特·沃克斯 (Calvert Vaux) 和曾做过记者、农场主及采矿经理的弗雷德里克·劳·奥姆斯特德 (Frederick Law Olmsted) 在 1863 年首次使用了 "景观设计" (landscape architecture) 一词来定义他们的新职业。1858 年他们赢得了关于纽约中央公园的设计竞赛, 1865 年中央公园委员会 (the Central Park Commission) 的董事会采纳了他们提出的 "景观设计" 这一术语。奥姆斯特德和沃克斯先是共事, 后来各自独立工作, 他们于 19 世纪 60 至 70 年代, 在数个城市设计了许多公园、校园及居住区。

伴随着城市的发展, 北美出现了大型市政公园系统。例如, 在 1881 年, 奥姆斯特德和他的侄子约翰·查尔斯·奥姆斯特德 (John Charles Olmsted) 开始为波士顿设计一个 11 千米长的带状公园系统。这个系统在波士顿的边缘, 将波士顿公共绿地、查尔斯河 (Charles River) 与富兰克林公园 (Franklin Park) 连接了起来, 这一项目后被比喻为波士顿的 "绿宝石项链" (the Emerald Necklace)。

在欧洲, 市政公园的设计是由像彼得·约瑟夫·勒内 (Peter Josef Lenné) 这样的园艺师负责的。勒内设计了德国的第一座公共园林——马格德堡的克洛斯特贝格公园 (Park Klosterberg), 该公园从 19 世纪 20 年代开始建设。19 世纪 50 年代的英国则有园艺家约瑟夫·帕克斯顿 (Joseph Paxton)。奥姆斯特德曾参观过帕克斯顿设计的伯肯海德公园 (Birkenhead Park)。工程师让·查尔斯·阿尔方德 Jean-Charles Alphand) 则在 19 世纪 50 和 60 年代在巴黎设计了许多法兰西第二帝国风格的公园。

"绿宝石项链"——波士顿

"绿宝石项链" 是一条 11 千米长、从波士顿中心向西延伸的公园链或叫线性公园, 在 19 世纪 80 年代根据弗雷德里克·劳·奥姆斯特德的设计建设而成, 具有针对暴雨排水的蓄滞洪区。

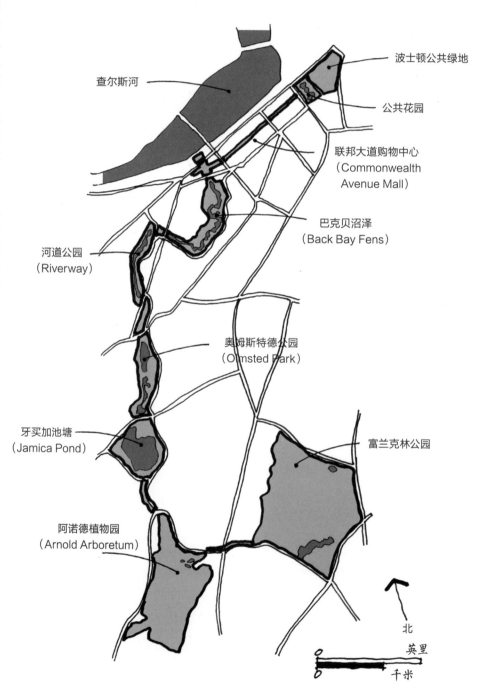

波士顿公共绿地

公共花园

查尔斯河

联邦大道购物中心 (Commonwealth Avenue Mall)

巴克贝沼泽 (Back Bay Fens)

河道公园 (Riverway)

奥姆斯特德公园 (Olmsted Park)

牙买加池塘 (Jamica Pond)

富兰克林公园

阿诺德植物园 (Arnold Arboretum)

北

英里

千米

A

B

C

A. 纽约，向北纵览整个中央公园直至哈莱姆区（Harlem）。中央公园由
奥姆斯特德和沃克斯设计

B. 巴黎伯特·休蒙公园（Parc des Buttes Chaumont），该公园由拿破
仑三世委托让·查尔斯·阿尔方德设计，此图展示了该园的一个主要
景观——坐落在一块被湖水环绕的突兀岩石上的西比尔观景楼（the
Belvedere of Sybil）

C. 英国利物浦的伯肯海德公园，本图展示的是穿过湖水看向罗马船库
（the Roman Boathouse）的风景。伯肯海德公园由帕克斯顿设计，
园内有亭台、湖泊、连续的花园及假山，地势波浪起伏，非常适于散步

在北美和欧洲，设计师们将私人园林的设计理念运用到公共项目的设计上，并在布局中考虑到了实用性和公共健康。对雨水的管理是波士顿"绿宝石项链"的关键，其中一系列设计有雨水蓄滞洪区的公园在大雨时能起到蓄洪的作用。而在柏林、巴黎和伦敦，空气质量、"瘴气"传播病毒的想法及对于民间动乱（自1848年的革命之私）的关注等等都对园林设计产生了影响。

1893年，奥姆斯特德担任了芝加哥哥伦布纪念博览会（the Chicago Columbian World Exposition）的景观设计师。该博览会吸引了近2600万游客，它是第一场在"新世界"成功举办的世界博览会，旨在颂扬美国文化和文明，宣扬其国际地位。奥姆斯特德与建筑师丹尼尔·哈德森·伯纳姆（Daniel

Hudson Burnham）合作，成为了该项目的核心人物。在奥姆斯特德的坚持下，会址被定于密歇根湖，奥姆斯特德则为博览会设计了包含湖泊区的240公顷景观。

1899年1月4日，包括沃克斯的儿子唐宁·沃克斯（Downing Vaux）在内的11名景观设计师聚到了一起，成立了美国景观建筑师协会。1900年，哈佛大学开设了第一门景观设计学科课程，由小弗雷德里克·劳·奥姆斯特德任教。随后，康奈尔大学于1904年开设该课程，伯克利大学的林学系于1913年也开设了此课程。

之后这种北美模式——由一两个从业者实践推广，然后，一些志同道合的专业人士建立起一个专业协会并制定景观设计学的培养计划——开始被其他国家学习。此外，在

各个国家，景观规划的立法要求，以及据此对景观设计师的聘用都是景观设计专业成长的关键动力。政治游说也已成为该专业发展的关键。例如，1865年奥姆斯特德曾以第一届国会议员的身份，成功地使国会同意将加利福尼亚州的约塞米蒂山谷（the Yosemite Valley）和马里波萨大树林（the Mariposa Big Tree Grove）定为公园。又例如，在一个世纪之后的中国香港，1961年制定的法定开发大纲推动了香港20世纪60和70年代基于景观总体规划的新城镇建设，而这就需要一个景观设计行业来予以实现。

美国国家公园管理局(American National Park Service)于1916年成立,并在1933年设立了一个景观设计部门,从属于由小查尔斯·P.庞查德(Charles P. Punchard Jr.)领导的田纳西河流域管理局(The Tennessee Valley Authority),该部门雇用了景观设计师来设计新城镇。在20世纪30年代后期,罗斯福的"新政"将农场安全管理纳入政府工作。例如,景观设计师盖瑞特·埃克博(Garret Eckbo)被聘请来为那些从风沙侵蚀区迁移出的农场工人在加利福尼亚州规划新定居点。埃克博、丹·凯利(Daniel Kiley)及詹姆斯·C.罗斯(James C. Rose)在1937年和1938年是哈佛大学的同班同学,他们共同倡导了所谓的"哈佛革命"(Harvard Revolution),即将现代主义原则运用于景观设计,强调连锁空间,不对称性,场所的重要性、功能性、生物形态及公共利益。

20世纪30年代的美国广泛建设了公园道(Parkways)——一种为了休闲驾驶而设置的景观道路。它们由国家和地方政府支持,并由景观设计师们参与建设。例如,维斯切斯特县公园委员会(Westchester County Park Commission)于1932年开始建设公园道,聘请了吉尔摩·D.克拉克(Gilmore D. Clarke)作为景观设计师。此类工作对德国20世纪30年代的高速公路设计有所影响,在那里景观设计师对于道路的排列、分级和绿植布置发挥了重要作用。

A. 1893年的芝加哥哥伦布纪念博览会,也被称为芝加哥世界博览会,展览吸引了近2600万游客,其景观设计师为弗雷德里克·劳·奥姆斯特德

B. 20世纪20年代的布朗士河公园道(Bronx River Parkway),于1907年至1925年建成,有中央分隔带和两个车道,是美国第一条有限制进入的道路

C. 农场安全管理区(Farm Security Administration)的景观设计师弗农·德马斯(Vernon Demars,左)和盖瑞特·埃克博(右)在加利福尼亚州的瓦列霍(Vallejo)从事场所模型工作。这是1942年的国防宿舍,是为了第二次世界大战期间从事武器扩张工业的工人们建设的住所。埃克博协助成立了日后的Eckbo, Dean, Austin and Williams(EDAW)建筑公司,它目前是业务涉及多学科领域的AECOM公司的一部分

B

C

景观设计专业在欧洲的发展

德国景观建筑师联盟是欧洲第一个景观设计专业协会，它是在 1913 年由德国园林建筑师联盟（the Bund Deutscher Gartenarchitekten）的基础上发展而来的。20 世纪 20 至 30 年代的园林设计为该行业的扩张打下了基础。德国高速公路的景观设计由阿尔温·赛福特（Alwin Seifert）负责指导，至 1936 年已建成了 6000 千米。

关于公园和花园的价值，以及公众有获取阳光和新鲜空气的需求等理念，在传统上一直被政坛的左翼及右翼人士共同关注。景观和环境是属于公众利益或公共利益的范畴，因此通常是由公共财政资助。所以为了获得或者说赚取佣金，景观设计师经常需要在政治上有所参与。

有关国家植物群落的想法由荷兰自然学家雅各布斯·P. 蒂济（Jacobus P. Thijsse）倡导，他曾提倡创建容纳乡土景观植物类型的公园（荷兰语为"heemparken"），以便促进对荷兰乡村植物区系的教学。这反映了社会上对景观设计中的自然植物群落和生态产生了日渐浓厚的兴趣。第一座"heempark"位于阿姆斯特丹南部的阿姆斯特尔芬，是从 20 世纪 40 年代开始建设的蒂济公园。"heemparken"的设计理念在随后的数十年对景观设计行业产生了巨大影响。

20 世纪 30 年代莫斯科的"总体规划"（General Plan）则以绿楔形式的俄罗斯白桦林而闻名。这些绿楔（或绿色走廊）和提倡原生林地及景观的理念，被德国景观设计师在 1939 年后用来对波兰的景观规划进行"雅利安化"（Aryanizing），其表现形式很极端。其中，本地物种的使用仍然是被提倡的，有时甚至不加批判，因为"本土的"听起来很不错，有时是因为它们可以作为大量原生昆虫和其他野生动物的寄主植物。我们应该永远记住，植物是一个更广泛的生态社区的一部分。

欧文·巴特（Erwin Barth）于 1926 年在德国设立了第一个景观建筑与园林设计的大学课程，并在 1929 年成为了柏林农业技术学院（Berlin Agriculture Technical School）园林设计专业的学科带头人，该学院后来成为了柏林弗里德里希—威廉大学（Friedrich-Wilhelm University）的一部分。欧文·巴特的任期在 1933 年随着纳粹政权的到来而结束了，其继任者是海因里希·魏培金·尤亘斯曼（Heinrich Wiepking-Jürgensmann）。尤亘斯曼推动了自然保护立法，然而他也曾为希姆莱（Heinrich Himmler）规划过德国在波兰和乌克兰的殖民景观。从历史上看，景观设计往往与政治需求密切联系。在英国，第一个真正创立此行业的从业者是托马斯·莫森（Thomas Mawson），他和帕特里克·格迪斯（Patrick Geddes）一起，在 1903 年邓弗姆林的皮滕克雷夫公园（Pittencrieff Park）总体规划设计竞赛中使用了"landscape architecture"这一术语。英国风景园林协会成立于 1929 年，莫森为其第一任会长，然而，在其大部分的职业生涯中，莫森称自己为"花园建筑师"。

A. 荷兰的克罗勒·穆勒博物馆（Kröller-müller Museum），靠近阿纳姆，景观和花园最初由风景园林设计师米恩·雷斯（Mien Ruys）设计于 1948 年

B. 克罗勒·穆勒博物馆，雕塑由毕霍威尔（Jan T.P. Bijhouwer）教授设计，于 1961 年对外开放，是一个对建于 1938 年的亨利·范德·费尔德博物馆（museum of Henry Van der Velde）加以补充的晚期现代主义设计

景观设计专业的全球性扩张

到了 20 世纪 40 年代，景观设计学科已经在北美和欧洲西北部的很多国家建立起来。景观设计的专业协会在日本成立于 1964 年，在澳大利亚成立于 1966 年，在新西兰成立于 1969 年，之后成立景观设计相关协会的国家有中国（1989 年）和印度（2003 年）。时至 21 世纪，景观设计专业已经在除了非洲（不包括南非）和中东地区以外的全球其他地区获得了稳固的学科地位。最近，行业动态增长最强劲的国家是中国，那里的经济扩张导致了大规模的环境问题，与工业化在 19 世纪和 20 世纪对欧洲及北美所带来的挑战相类似。中国政府对此作出的回应是以环境立法促进景观设计行业的成长。

国际景观设计师联盟成立于 1948 年，由杰弗里·杰利科担任第一任会长。欧洲景观建筑联合会（the European Federation for Landscape Architecture，EFLA）的第一次会议是在 1989 年召开的，现在它已与国际景观设计师联盟合作，成为了后者的欧洲分部。

C. 中国香港沙田公园：为了容纳日益增长的人口，在 20 世纪 60 年代，香港开始计划新界新市镇的发展，从而使景观设计行业从上世纪 70 年代末以来持续发展

C

案例研究：英国萨里的佩因斯希尔公园

历史风景园的保护

佩因斯希尔是一个著名的风景园，由查尔斯·汉密尔顿（Charles Hamilton）于 1738 年至 1773 年间在伦敦西南的乔巴姆（Chobham）营建。该园在 1948 年被分割，大部分地区被用于林业种植，园林建筑已成废墟，湖中杂草丛生。

埃尔姆·布里奇区委员会（Elmbridge Borough Council）于 1974 年购买了佩因斯希尔公园的地块，占地近 100 公顷。1981 年 4 月，珍妮·伯福德（Janie Burford）被任命为公园的景观设计师，并成立了佩因斯希尔公园基金会（the Painshill Park Trust），但是基金会没有员工，也基本没钱。不过与公园相关的资料的研究工作还是逐渐开展了，一些志愿者帮助开展了现场的工作。对此伯福德回忆道：

"我们需要了解查尔斯·汉密尔顿的思想，了解场所的地形，以及汉密尔顿的视角和设计中的每一个要素。他是一个能力超强的设计师、艺术家和园丁，我很早就意识到，能踏着他的脚印前行，去尝试重现他的才华，对我而言是一件无比荣幸的事。"

由政府资助的人力资源服务委员会（Manpower Services Commission，MSC）为长期失业者开展工作经验培训计划，该委员会参与了此项目，使场所得以开放，项目得以实施。委员会成员的学科背景涉及考古学、自然科学、园艺学和景观学，有一位历史学家兼档案管理员通过查询文献，收集了原已丢失的佩因斯希尔园的开发与布局细节。

为了能通过对树木的鉴定"读出"该地块的历史，伯福德委托一个团队做了一项关于园内历史树木的调查。该团队由 MSC 招募，调查工作在国民托管组织的树木调查员约翰·菲比斯（Johnny Phibbs）的监管下进行。调查记录了从汉密尔顿所在的时代存活至今的 169 棵树木，其中包括 4 棵黎巴嫩雪松。对已消失的园区建筑如公共浴室和酒神庙的遗址考古补充验证了这项调查内容。于是，文献史料与从树木记录和考古中所得到的直接观测证据交叉在一起，建立起了一幅完整的图像。

这些工作开启了一项复原场所并将其开发以供公众使用的总体规划。要修复的第一个建筑是哥特式寺院，其残存的木料和灰泥已由脚手架支撑了超过 10 年。这也是修复工作面临的挑战之一：由于汉密尔顿并不富裕，因此许多建筑物当时都建造得很简陋，常以木料和灰泥来仿造石头的形式。

伯福德实际上是以一身兼任"守护者、女园丁、管理员、景观历史学家和景观设计师"等多重角色，而且也是一个资金筹集者。在基金会形成的最初 20 年里，该保护项目共筹集了两千万英镑的经费。

但是由于当地人的反对，该项目共花了 10 年时间才使公众能进入园区，而且为了方便公众，他们新建了一座穿越摩尔河（the River Mole）通向园区西南部的人行桥。不过，这些延迟倒是给项目的开发及人员的迁入提供了整修时间，同时也使基金会得以有时间发展一项教育战略。

1994 年，佩因斯希尔公园基金会因为"使一个 18 世纪的重要风景园及其优异的园林建筑从一个被极端忽视的状态得到示范性恢复"而获得了欧罗巴诺斯特拉奖章（Europa Nostra medal）。

伯福德于 2003 年底退出了佩因斯希尔公园项目，不过，她之后又成为了奇西克住宅和花园基金会（Chiswick House and Gardens Trust）的理事。该基金会与英国遗产组织（English Heritage）和伦敦豪恩斯洛区（the London Borough of Hounslow）一起监督伯灵顿爵士（Lord Burlington）的奇西克住宅及花园的恢复项目。

乔巴姆的佩因斯希尔公园，一个英式风景园的复活。

A. 恢复后的中国式桥梁

B. 由方解石、萤石和石膏组成的岩洞壁面及顶部

C. 由 20 世纪 40 年代的林业种植营造的 18 世纪风景园，画面的右边为岩洞

规划

从历史上看，景观规划的目的是调和人类发展与景观的生态、文化及地理特征之间的关系，这种调和主要是通过对具有特殊价值区域的保护来实现的，其角色还主要是自然资源保护者，作用较为有限。不过过去半个世纪以来，情况已经发生改变，景观规划已变得更为积极主动，开始致力于筹划和促进整体景观而不是仅仅规划单独的、已经被保护的区域。

美国国家公园（American National Parks）能很好地体现自然资源保护论或保护方法。19 世纪 50 年代，一个农场主盖伦·克拉克（Galen Clark）对加利福尼亚马里波萨（Mariposa）县的巨型红杉树林非常关注，他呼吁禁止伐木以保护这些树林。摄影师卡尔顿·沃特金斯（Carlton Watkins）和美国参议员约翰·康纳斯（John Conness）对他的呼吁予以了支持，政府最终出台了对约塞米蒂山谷流域整体保护的提案。1864 年，正当南北战争处于高潮之时，美国总统林肯签署了《约塞米蒂法案》（the Yosemite Grant），确定了对有巨杉林的约塞米蒂山谷流域和马里波萨林地的保护。这是美国国会为了公众的使用及环境保护而划出的第一块联邦政府土地。此外，北美殖民者在花了 3 个世纪的时间不断向西扩张之后，突然醒悟到，荒野也具有价值，但它们的价值已受到威胁，于是，进一步的保护措施被实施。例如，美国国会在 1872 年成立了黄石国家公园（the Yellowstone National Park），由联邦政府管理。而 1916 年美国国家公园管理局的成立，则标志着美国国家公园的整个系统已趋于合理化。

在德国，地理学家亚力山大·冯·洪堡（Alexander von Humboldt）在 1814 年创造了"自然古迹"（Naturdenkmal: nature monument）一词，用来指称巨大的或具有历史意义的树，后来该词涵义有所扩展，也指地质和地形特征及整体景观。植物学家雨果·康文泽（Hugo Conwentz）是洪堡的追随者，他担任了 1904 年在但泽设置的普鲁士国家自然古迹保护办公室（the Prussian State Office for Nature Monument Protection）的第一届主任。20 世纪 20 至 30 年代的自然保护运动推动了"景观照料"（Landschaftspflege: landscape care）的发展，后者鼓励对景观进行管理，到了 20 世纪 30 年代，对家园的愿景，包括对新兴产业及运输的有序、有组织的整合，也被囊括了进来。

与德国 20 世纪早期的自然和景观保护的发展差不多同一时期，一个非政府组织"国民托管组织"于 1895 年在英国成立。最初它的成立是为了购买和保护像剑桥郡威肯沼泽（Wicken Fen）这样的湿地和位于湖区（the Lake District）的山地。20 世纪 30 年代，英国人民举行了大规模的抗议活动，反对高地荒原的不对外开放，如 1932 年曾发生过对斯科特荒野高原（the Kinder Scout）的大规模侵占。这些事件促使了《1949 年英国国家公园法》（the 1949 National Park Act）的诞生。英国由此建立的 10 个国家公园，与以荒野地区为代表的美国国家公园有很大区别：美国国家公园都是在荒野地区，居民极少；而在英国，这样的荒野很少，英国国家公园包括了农场和定居区，它们保存了文化性的或者说是受到了人类影响的景观。

A

B

C

A. 威尔士雪墩山国家公园（the Snowdonia National
   Park）的卡代尔·伊德里斯山（Cadair Idris）: 英国国
   家公园包含农场和村庄
B. 德国北部的吕讷堡灌丛（Lüneburg Heath）是德国于
   1921 年以法律的形式正式保护的第一个大型自然保护
   区，保护面积达 234 平方千米。目前德国国土面积的
   27% 都处于某种形式的自然和景观保护状态中
C. 约塞米蒂国家公园（Yosemite National Park），为国
   民保存的一片荒野

这些发展基本上是保护主义性质的，就是识别出有特殊价值的区域，然后再将它们划出来予以保护，实例有欧洲特别保护区（European Special Areas of Conservation, SACs）和特殊保护地（Special Protection Areas, SPAs），它们后来成为了一个名为"Natura 2000"的欧洲环境保护网络的一部分，后者致力于为鸟类和其他动物提供栖息地。在过去的20年里，景观规划的情况发生了很大的变化，整体景观现在已被划入到景观规划的职权范围内。例如，"景观特征评价体系"（Landscape Character Assessments）会覆盖一个郡或一个国家，而欧洲委员会（the Council of Europe）2000年的《欧洲景观公约》则覆盖了全部的欧洲景观。该公约指出："本公约适用于缔约方的全部领土，包括自然、乡村、城市和城市外围地带。它适用于土地、内陆水域和海洋区域。它涉及的景观，既包括优质土地也包括日常用地或是已退化的景观。"上述努力保护并评估景观的行为通常由自然保护主义者、植物学家、生态学家和那些关心公众郊野使用权的人们来主导，不过景观设计师也通常会参与其中，因为作为专业人士，他们有责任实施这些政策。

景观规划也包括对新景观的布局。例如，荷兰曾进行过广泛的土地复垦，按照最初在1891年由科内利斯·莱利（Cornelis Lely）制定的规划，须德海（the Zuider Zee，即荷兰艾瑟尔湖）的新圩田在1921年至1975年期间被开发出来。从1921年到2004年，那里还有一次广泛的景观整合，覆盖面积达140万公顷。这与英国早期的圈地运动很相似，涉及对分散的农业用地进行整合，实际上也是对整个乡村进行重新规划。当时有很多景观设计师致力于规划新圩田景观建设和景观整合，本书的作者之一曾以学生身份参加了前一个项目。

在德国，1977年的《联邦自然保护法案》（the Federal Nature Conservation Act）要求景观规划应以"保护、维护和进一步发展景观，以及在需要时恢复景观的视觉多样性、惟一性（或独特性）以及美感"为目标，通过联邦、州和地方议会制定出区域景观规划、地方景观规划和绿色结构规划。从1904年成立普鲁士国家自然古迹保护办公室至今，德国已开展了近百年的自然保护规划，已成立了数种类别的保护区，例如国家公园、生物圈保护区、景观保护区、自然公园及"Natura 2000"保护区。《2002联邦自然保护法案》（The 2002 Federal Nature Conservation Act）制定了一个针对联邦州的新要求，要求各州要为至少10%的州土地面积设立相互关联的生物栖息地网络，另外还提出了积极保护水土的政策，这是综合性自然保护和景观规划政策的一部分。

A. 葡萄牙杜罗河山谷（The Douro Valley）
B. 以景观为主导的法国大区总体规划（Ile-de France Masterplan），该规划将巴黎置于环绕着它的大景观之中
C. 英国康沃尔郡历史景观特色区（Cornwall Historic Landscape Character Zones），地图，绘制于1994年

A

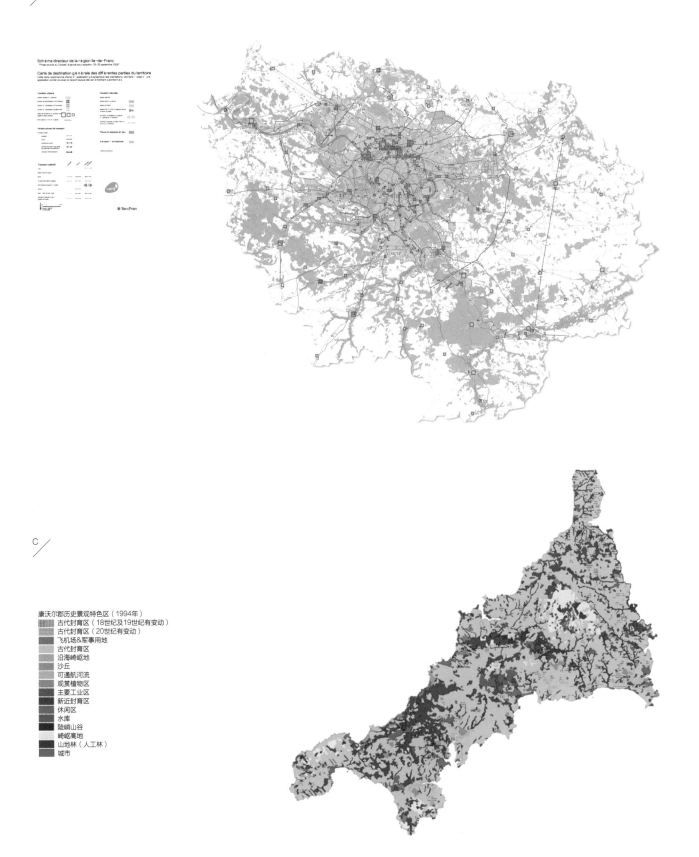

康沃尔郡历史景观特色区（1994年）

古代封育区（18世纪及19世纪有变动）

古代封育区（20世纪有变动）

飞机场＆军事用地

古代封育区

沿海崎岖地

沙丘

可通航河流

观赏植物区

主要工业区

新近封育区

休闲区

水库

陡峭山谷

崎岖高地

山地林（人工林）

城市

城市规划和结构性绿地

伦敦和法兰克福是成功开发绿带的城市范例。法兰克福环形绿带（The Frankfurt GrünGürtel）遵循了城市规划师厄恩斯特·梅（Ernst May）在 20 世纪 20 年代提出的住区开发理念，以围绕老城墙建设花园的形式提供了可供使用的绿色空间。法兰克福环形绿带自 1991 年开始正式设立，至今面积已达 8000 公顷，绿带内包含有森林、田野、草地、花园、公园、果园、溪流和池塘。由于 50% 的城区面积由这些绿色空间构成，法兰克福已成为一个环境非常优雅的城市。

伦敦绿带（The London Green Belt）是从 1935 年开始真正建设的，当时伦敦郡议会开始给伦敦周边的县议会提供出于保护目的购买土地的补助，并实施由雷蒙德·昂温爵士（Sir Raymond Unwin）在 20 世纪 20 年代提出的理念，呼吁当城市面临"人口过剩"和"建筑物向外蔓延呈带状发展，形成城市连接体（多个城市被相互连接起来）并产生吞噬小城镇的威胁"时，多关注人们对可自由呼吸空间的渴望。这种想法导致了 1938 年《绿带法案》（the Green Belt Act）的制定，后来又经过 1944 年帕特里克·阿伯克龙比（Patrick Abercrombie）的《大伦敦规划》（Greater London Plan）和 1947 年的《城乡规划法》（the Town and Country Planning Act）的强化，英国最终建立了一套包含绿带条款的全国范围的规划系统。到目前为止，英国已建成了 14 条用于控制城市发展和保护开放性土地的绿带，它们通常是农田。从牛津到中部地区的大城市连接体如伯明翰，再到北部地区的利物浦、曼彻斯特和利兹，绿带环绕了英国的很多城市。

1935 年为重建莫斯科所作的"总体规划"，设定了渗透入城市的绿楔或绿廊模式，这种模式主要是白桦林而不是像典型的伦敦绿带那样包含田野、农场和林地。在前苏联时代，多数人通过公共交通工具旅行，绿楔为城市住区提供了靠步行就易于到达的的游憩区，因此发挥了较好的作用。类似的想法影响了哥本哈根，1947 年这里制定了所谓的"绿指规划"（Green Finger Plan）。这一规划将 5 根"手指"——主要的铁路和公路线作为未来发展的结构，它们从"手掌"——19 世纪的旧城中辐射出来，"手指"之间的绿楔被设计为农业用地和休闲用地，从与之毗邻的住宅能很容易到达这里。通过公路桥和铁路桥的建设，一根额外的"手指"越过厄勒海峡（Øresund）来到瑞典，穿过阿迈厄岛（the island of Amager）到达了南部。哥本哈根规划包含了促进步行和自行车漫游的积极政策，最终使丹麦首都 40% 的通勤可通过自行车完成。1995 年哥本哈根推出了自行车出租计划，使自行车交通占了哥本哈根全部交通量的 36%。

A. 瑞典延雪平市的住宅，建于 20 世纪 40 年代，呈现出了一种景观环境

B. 英国默西赛德郡的日照港（Port Sunlight），建于 19 世纪 90 年代的一个花园城市理想的实例

绿带规划范例

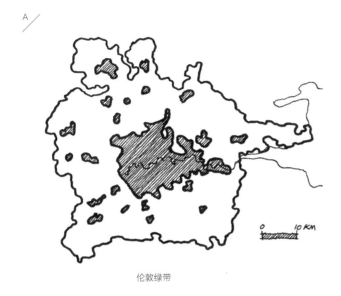

A

伦敦绿带

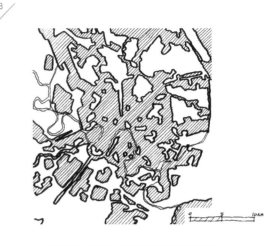

B

以白桦林为绿楔的 1935 年莫斯科"总体规划"

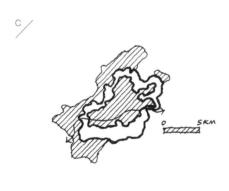

C

法兰克福环形绿带

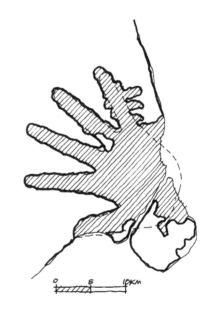

D

哥本哈根"绿指规划"

风格的变迁：从现代主义到后现代主义及其后

在其大部分的历史发展时间里，景观设计采用了建筑和工程设计的专业方式，在20世纪中期，景观设计师们就像建筑师们一样，穿着白大褂，倾向于认为自己是科学家，他们按照拒绝对称的功能美学要求重新布置城市和乡村，但又奇怪地采纳了不对称的18世纪"如画风格"（Picturesque）作为典范。第二次世界大战后的英国新城镇通常设置在山丘和树木丛生的景观中，仿佛是一个由万能布朗（Capability Brown）设计的公园的缩影。

在20世纪70年代，这种约定俗成的"科学"方法在现实中反映为通过社区活动的形式来吸引整个社区参与其中。最近在一些国家，景观设计师们已经发展出了一种更为企业化的方法——成立有限公司，一些景观咨询事务所也被卖给了经营内容包含保险和养老金计划的大型专业服务公司。在公司的主要网站搜索景观设计时，你会看到它排列在"房地产服务"条目下所列的一堆专业顾问服务之中。

从现代主义到后现代主义及其后

在20世纪，对景观设计学产生主要影响的艺术运动是现代主义，它具有绝对的、功能主义的和正交直线型的特征，并以无装饰为标志。现代主义对景观设计的影响，主要可以从在20世纪30年代后期出现的"哈佛三人"——盖瑞特·埃克博、丹·凯利和詹姆斯·罗斯的作品，以及1951年的"英国节"（Festival of Britain）中由彼得·谢泼德（Peter Shepheard）和彼得·扬曼（Peter Youngman）设计的公共空间中看出来。20世纪50年代早期的英国新城镇哈洛（Harlow）、克劳利（Crawley）、赫默尔·亨普斯特德（Hemel Hempstead）的设计是一种受斯堪的纳维亚影响的英式现代主义，而后来的英国城市如坎伯诺尔德（Cumbernauld）则更为粗野主义（Brutalism）。不过奇怪的是，后者的景观设计以使用标准的树木和流动的丘地为标志，维持了一种朴素的"如画风格"。

与现代主义相反，后现代主义富于表面装饰，倾向于非直线型并注重参考历史形式。在杰弗里·杰利科（在20世纪50年代他是一位严格的现代主义者）的作品中可以发现这些元素的一些例子；更晚近的例子有2001年"澳洲之梦"（Australian Dreams）中的堪培拉花园（the Canberra Garden）中，由理查德·韦勒（Richard Weller）和弗拉迪米尔·西塔（Vladimir Sitta）设计的充满了象征意义的"4.1.3号空间"（Room 4.1.3）。

贝特·菲格拉斯（Bet Figueras）设计的巴塞罗那植物园的整体结构为使用了曲折路径和耐候钢的大转角形式，这两者都是20世纪之初景观设计的标记。巴塞罗那植物园当然并非现代主义的形式，它的有趣之处在于以扭曲的网这种风格鲜明的形式，尽可能地模拟了全球5个地中海气候区的生境。

A

A. 建于1940年的斯德哥尔摩林地火葬场（The Stockholm Woodland Crematorium）是一个现代主义建筑杰作，它伫立在包含丘地和林木的如画风景之中，其设计师为埃里克·冈纳·阿斯普伦德（Erik Gunnar Asplund）和西格德·卢伦斯（Sigurd Lewerentz）
B. 西班牙巴塞罗那植物园，建造了一种覆盖于蒙特惠奇山（Montjuïc）的山坡之上的大转角结构
C. 堪培拉的"澳洲之梦园林"，是一个富于象征和寓意的设计

B

C

作为城市景观的拉维莱特公园

最近30年最重要和最具影响力的设计也许是在1982年至1983年在巴黎举办的拉维莱特公园（the Parc de La Villette）方案竞赛中，Metropolitan Architecture事务所（简称OMA）的参赛方案，该方案当时获得了二等奖，未能夺冠，因此这一设计也未实现。然而，它的平行条纹平面形式在过去数十年的景观设计中一直得到同行的响应，比如罗伯特·汤曾德（Robert Townshend）在伦敦为摩尔伦敦开发区的办公楼开发所做的线性城市设计（1999年-），或最近米歇尔·高哈汝（Michel Corajoud）在巴黎设计的摩洛哥法院公园（Cour du Maroc park，2005-2007年）。高哈汝曾与OMA一起为拉维莱特公园做设计。OMA的拉维莱特公园设计方案更像是一种公开的思想纲领而非一种风格。

OMA的方案采用了随意构建园区的方式，比如50米宽的对比性带状分区，这些分区又被再细分为5米宽的带状。这种使分区具有鲜明对比的想法来自于雷姆·库哈斯（Rem Koolhaas）在学生时期所写的关于柏林墙的论文。该方案的目的是为公园项目确立一种建筑结构，以证实OMA所谓"结合纲领的不稳定性与建筑特异性，最终能生成一个公园"的理论。

从20世纪80年代开始，后工业景观被放入景观设计和城市设计的范畴内加以讨论，由此开始，人们对工业设施的价值，对它的文化和历史重要性，以及对重披自然植被的废弃地块的生态价值都有了全新的肯定，景观设计师詹姆斯·科纳（James Corner）在谈及他所设计的纽约高线城市公园时描述道：

"场所具有后工业时代的铁道特征——轨道、线性，事实上它就是一条薄而狭窄的带状物……整个高架铁道线穿过街区和建筑物，于是我试图创造一种明显的并置，使这条绿带相对于城市乏味的网格而存在……另外还有些悲伤、忧郁和沉默的氛围弥漫于此……我们希望……带给人们偶遇了一个秘密又神奇的空中花园的感觉。"

在这些描述中我们可以发现OMA关于拉维莱特公园设计的建议，也就是切割和"明显的并置"，以及像Latz + Partner事务所从1991年起所设计的德国北杜伊斯堡风景园（Duisburg Nord Landschaftspark）一样的后工业景观，不过关于铁道高架桥改建公园的功能主义设计思想，最早的先例却是出现于巴黎（这个城市自身就是一个历史主义的设计），在这里有一条由雅克·弗奇利（Jacques Vergely）设计的开放于1993年的绿色漫步廊道。不过，特别促使景观都市主义（landscape urbanism）这一标签生成的还是詹姆斯·科纳。景观都市主义意为基于景观思想对城市加以塑造，这种景观思想与以建筑为中心的都市主义相异。

A

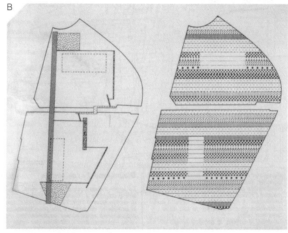

B

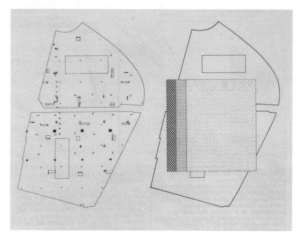

A. 埃欧乐花园 (Jardin d' Eole), 巴黎, 米歇尔·高哈汝设计, 使用了一种条纹的主题, 是受到20 年前 OMA 所设计的拉维莱特参赛方案的影响

B. 拉维莱特公园设计竞赛, 1982 年 OMA 的参赛方案, 有被指定为不同活动区的条纹或水平条带

C. 伦敦的摩尔伦敦开发区: 在 1982-1983 年拉维莱特公园设计竞赛的 20 年之后, 由罗伯特·汤曾德设计的相同的平行线型形式

D. 纽约高线公园: 登上公园的路径

E. 纽约高线公园: 建于一个废弃的铁路高架桥之上

F. 纽约高线公园: 横跨曼哈顿西区的街道

G. 纽约高线公园: 建成后的空中花园

H. 纽约高线公园: 提供了一处隐蔽场所和一种特殊景色

一条关于风格的警告

　　也许最终极的后现代主义设计是由
West 8 事务所为马德里的曼萨纳雷斯河
（the River Manzanares）所做的设计。它
不是正交直线型的，但很有趣并运用了象征
手法，不过如果询问该项目的设计师阿德里
安·高伊策（Adriaan Geuze）的话，他会拒
绝为该项设计贴上任何风格标签。设计并非
是对一种风格的应用，而是对由当代设计、
当代思想、当代关注点发展而来的设计思想
的应用。这些设计、思想和关注点，理论家
和历史学家们在以后会对它们加以分类，而
主义的标签能使关于设计分类的探讨变得
方便。

A

B

C

A. 马德里曼萨纳雷斯河，坐在樱桃树植坛边的两个马德里人
B. 马德里曼萨纳雷斯河，葡萄牙大道。城市的高速公路被放置在一个隧道内，其
　上建造了一个公园，这是拥有公共开放空间的 43 千米隧道网络的一部分
C. 马德里曼萨纳雷斯河，松树廊和斜交桥，West 8 的设计将河道显示出来，并使
　河岸易于到达
D. 北杜伊斯堡风景园：65 米高炉上的俯瞰风景

E. 北杜伊斯堡风景园：将掩体做成了围栏
F. 北杜伊斯堡风景园：掩体内的花园
G. 北杜伊斯堡风景园：对水的处理和清洁是彼得·拉茨和安奈丽莎·拉茨
　（Peter and Anne-Liese Latz）处理污染的关键
H. 北杜伊斯堡风景园：以前的贮矿仓变为现在的室内花园
I. 北杜伊斯堡风景园：在旧钢铁厂的高炉之下

第1章　景观设计的历史　风格的变迁

43

案例研究：德国鲁尔山谷的埃姆舍尔公园

一个城市区域的环境改造

德国的鲁尔区位于杜伊斯堡和埃森之间，在前西德时是经济最不景气的地区，20世纪80年代，那里的煤矿和钢铁厂被关闭，对250万人口产生了重要影响。作为回应，当地政府设立了埃姆舍尔公园国际建筑展（the Emscher Park Internationale Bauausstellung，简称为IBA），该项目在1989年至1999年之间开展，旨在通过确保环境改善来振兴整个地区的经济。也就是说，州政府当时看到该区域遭受经济、社会和环境等诸多问题的折磨，于是想出了将生态和环境放到第一位这样一种应对办法。

这一思路其实就是：解决环境问题，经济将会改善。该计划的主要目标包括：
· 重建350千米长的埃姆舍尔河及其支流的生态；
· 建造埃姆舍尔景观公园（由自行车道和步行线路连接的公园和绿色空间，面积为300平方千米）；
· 对现有的3000座房屋予以升级改造并新建3000座房屋；
· 在新公园用地上设立一系列共计22个技术中心，以创造就业机会；
· 开发工业建筑和地标的新用途。

其中每个单独的项目都必须显示出净生态增益。

该计划是由政府主导的，总资金为11.3亿马克，其中的2/3来自联邦政府、地方政府及欧盟，1/3来自私营投资。IBA起着媒介的作用，它由17个地方职权部门共同指派了30名员工来运作，指导委员会由来自地方政府、工会、自然保护及规划组织的各方代表共同组成。

最引人注目的项目是埃姆舍尔河的再生，该河流在19世纪是工业废水和污水的承载体。当埃姆舍尔河成为了一个露天的污水渠后，季节性洪水导致了伤寒的流行。结果，在1904年，由当地政府和相关工业部门成立了埃姆舍尔水域管理协会以阻止洪水爆发，当时主要是建造堤坝、渠化埃姆舍尔河，并用混凝土衬砌了其支流。

煤炭开采量的下降和由开采引起的沉降问题的解决，使去除混凝土和堤坝、将350千米长的河流及其支流网络再造为沿河为草甸的自然水系成为可能。工业废水目前用管道排污系统导向5个新建的污水处理厂，整个河流系统正处于重返自然的过程之中。

虽然在整个城区建造了更多的公园绿地和绿色空间，但与河流再生密切相关的还是已被设计为整个区域绿肺的300平方千米的埃姆舍尔景观公园。埃姆舍尔公园总计促进了450个项目，主要的独立项目包括由安奈丽莎和彼得·拉茨设计的面积达200公顷的北杜伊斯堡风景园，该园重新利用了已于1985年关闭的A.G.Thyssen钢铁厂。该项目是阐释工业历史的重要作品，现在人们可以攀登高达65米的高炉，而登山者则可以在下面旧矿仓里练习攀岩；与此同时，重金属乐队会在矿渣堆边演奏。

整个鲁尔区一共建成了13个主要公园，在其他地方还开发了商务和科技园区，例如建于盖尔森基兴（Gelsenkirchen Rheinelbe）的科学公园、建于卡斯特罗普-劳克塞尔（Castrop-Rauxel）的面积达40公顷的埃林商务园区（Erin Business Park）。这个园区是在一个由爱尔兰人威廉·托马斯·马尔瓦尼（William Thomas Mulvany）于1876年开发的埃林煤矿原址上建造的。这些只是71项就业创造项目的一小部分。

虽然IBA项目于1999年已经结束了，但一些相关工作却还在通过地方议会和两个区域机构继续进行着。

A. 鲁尔区的埃姆舍尔公园国际建筑展，包括消解河流的
   渠化，使其恢复成天然河道
B. 北杜伊斯堡风景园内一个有涵洞的渠化溪流实例
C. 位于卡斯特罗普 - 劳克塞尔的埃林商务园区建于一个
   煤矿旧址上，是埃姆舍尔公园国际建筑展 120 多个项
   目中的一个，这 120 多个项目都提供了净生态增益

不断变化的优先级：生态学、生物多样性与可持续性

在过去的半个世纪里，景观设计学越来越受到生态科学的影响，生态学的基本定义现在已成为了理解景观设计学发展方向的关键。生态学理念也从根本上影响了景观设计师对可持续性的关注，后者也是景观设计师越来越关注的问题。

生态学是对自然环境和人类、动物与植物群落，以及它们之间相互关系的研究。生态学一词（ecology）与经济（economy）具有相同的希腊词根——"oikos"（意为"家庭或住所"），它是由德国生物学家厄恩斯特·海克尔（Ernst Haeckel）在1866年创造出来的词汇。生态学主要是关注：

· 生命的过程及其适应性；
· 生物物种的分布及其丰富性；
· 能源及物资的运转；
· 生态系统演替；
· 生物多样性。

在许多国家，对景观设计学影响最大的是植物生态学，尤其是从20世纪50年代以来，本土植物学家对原生植物群落的研究工作产生了很大影响。就整体大于各部分之和而言，生态学在本质上具有整体性。从更极端或更先进的意义上来说，这影响到了生物地球化学的理论，例如20世纪70年代由化学家和地球科学家詹姆斯·洛夫洛克（James Lovelock）提出的盖亚假说（Gaia hypothesis），就假定整个地球是一个能自我调节的动态系统。

景观设计师必须了解不同类型生境之间的差异。

A. 马来西亚柔佛的蒲莱山森林（Gunung Pulai Forest）：一
   片储备有龙脑香、娑罗双和闭花木等树木的原始丛林

B. 新西兰的罗托鲁阿地热湖泊（Rotorua geothermal
   lakes），含有硅酸盐和矿物成分

C. 英国，工业废弃地，有杂草或自然生发的草本植被

D. 法国，山毛榉林地

E. 中国桂林的喀斯特石灰岩景观，由水沿着石灰岩的裂缝或
   层面溶解岩石而形成

F. 英国苏塞克斯的咸水沼泽（Saltwater marsh）

G. 德国，因塞尔－赫姆布洛依湿地（Insel Hombroich
   Wetlands）

H. 日本，水稻梯田

I. 塞浦路斯，沿海灌木地带

A

世界各地不同的生境。

A. 伦敦，城市公共区域
B. 佛得角群岛，火山沙漠（Volcanic desert）
C. 英国威尔士，自 1919 年以来退耕还林并
   种植云杉的山地
D. 葡萄牙法鲁的沙丘保护，在里亚－福摩萨自
   然公园（Parque Natural da Ria Formosa）
   中的伊利亚沙漠（Ilha Deserta）
E. 迪拜，种植有棕榈树的公共区域
F. 埃及，西奈沙漠（Sinai Desert）
G. 新西兰塔拉纳基，树蕨
H. 希腊，松林山地
I. 印度尼西亚，棕榈树草原

B

C

D

F

G

E

H

I

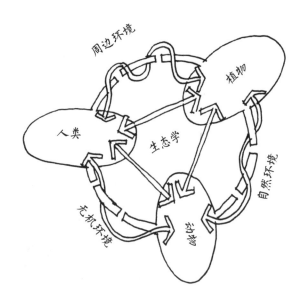

周边环境
植物
人类
生态学
自然环境
无机环境
动物

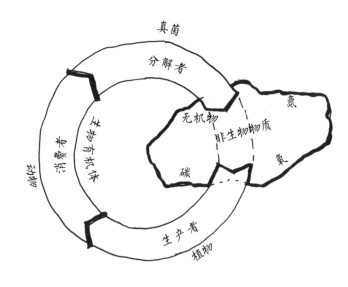

真菌
分解者
无机物
氮
生物有机体
非生物物质
氧
碳
消费者
生产者
植物

生态系统是指总体环境，包括所有生物体和空气、土壤、水、阳光等非生物成分。例如，一片森林是一个生态系统，一片人工林则是一个改进的或人造的生态系统。一个生态系统中的生物成分通常被称为一个群落，比如一片松林就是一个特定的植物群落，以其优势种群来命名。

在更大的规模上，则有生物群区，这是全球范围内的生态系统群组，非常重要，例如地中海生物群区。生境是指可供一个生态群落发展的物理环境，比如山顶、沼泽地或白垩草原。群落生境是指一个生物群落的栖息地，例如一片热带雨林。群落生境也可能是人工建成的，如屋顶花园可以为筑巢的鸟类创建一个生境。相比之下，生态龛则是单一物种生活的物理环境。

自然资源管理涉及对景观的管理。其他重要概念还有演替和生物多样性。演替是指一种植物或动物群落逐渐发展变化为另一种群落，直到达到一个稳定的顶点——顶点在此指持久、稳定的群落。例如，以前的铁路站场可能变为桦树林，随着土壤肥力的增强，又可能发展成为白蜡树林和橡树林。

《1992年联合国生物多样性公约》（The 1992 United Nations Convention on Biological Diversity）这样定义了生物多样性："地球上所有来源的生物体，包括陆地、海洋和其他水生生态系统及其所构成的生态综合体；这包括物种内、物种之间和生态系统的多样性。"我们在此引用联合国的定义，是想再次强调政治因素在环境科学中的重要性，但是人们使用短语和单词时往往并没有充分理解它们的意义，因此对景观设计师而言，了解这些生动的政治议程背后的科学是很重要的。在本书的最后一章我们将再次讨论这个主题。

A

A. 林下种植有蓝铃草的矮栗树林
B. 霍格－费吕沃国家公园（Hoge Veluwe National Park），荷兰阿纳姆附
   近：欧石南丛生的荒野，恢复自 20 世纪早期的林地
C. 霍格－费吕沃国家公园：内陆沙丘的恢复
D. 霍格－费吕沃国家公园：背景为 20 世纪早期的林地
E. 德国靠近诺伊斯尔的因塞尔－赫姆布洛依湿地：恢复后的湿地

景观设计师可以帮助我们缓解对于地球可能已经进入了第六次物种大灭绝，即所谓的全新世灭绝的恐惧。上一次物种的大规模灭绝是白垩纪——第三纪灭绝——大约 6500 万年前恐龙消失那一次。目前的物种丧失都与人类相关，与资源的消耗和人类活动产生的（人类制造的）气候变化有关。即使只是从自私的角度来看，人类也应该关注生物多样性，因为如果地球上没有了其他物种的生存空间，那么地球上可能很快也就没有人类的生存空间了。

受到这种生态思想的启发，20 世纪的后半叶，在对特定地区应予以尊重的思想之上又增加了更广泛的责任——即对于可持续性的关注。据 1987 年布伦特兰委员会（Brundtland Commission）所给出的定义，可持续性是"既满足当代人的需求，又不损害后代人满足其需求的能力"。这个定义包括两个相互矛盾的概念，既涉及满足人类的需求（特别是世间穷人的需求），又涉及对环境发展，以及它满足现在和未来人类需求的能力加以限制。这关系到人类的生态思想，以及我们的地球支撑目前人类活动和日常生活的能力。可预见的是，我们正在无节制地消耗资源，例如，根据许多行业主管部门的分析，如果继续目前的消耗速度，在未来的 30 至 40 年间地球的石油储备就将被耗尽。

潜伏于我们对地球资源剥削式开发利用之下的另一个问题是不断增长的世界人口。据联合国预计，到 2050 年世界人口将达到 105 亿。而在本书两位作者中年长的那位出生的 1947 年，世界人口只有 25 亿。

许多公共或者私人的企业声明中都喜欢使用一些有关可持续性的中听的语言，景观设计师可以通过赋予该词以确切含义而扮演特定的战略角色。他们可以帮助将政治修辞落实到具体实践上，举一个明显的、实用性很强的常见例子：在混凝土基础上做坚硬、刚性的铺装，比在石骨料基础上做柔性铺装要使用更多的碳排放和能源。

产业化和国际贸易导致城市住区扩张，也改变了人们对乡村的规划方式。景观设计学对此最初的回应是关注游憩空间的供给，包括公共的和私人的，以及通常所说的"城市美化"。随后，景观设计学扩大了自身的职权范围，以便能管理变化中的社会对更广泛景观的影响，这转而导致了对自然区域的保护，比如国家公园。奥姆斯特就是在1864至1866年间倡导保护约塞米蒂国家公园的委员之一。最近，景观设计学的职权范围已发展成对于全部景观的关注，包括工业的和非设计性的或乡土的景观。

专门新建的公共市政园林是19世纪的创新，它们为景观设计学科和行业的发展都提供了原动力。环境立法也扩大了它的作用。例如：1946年的《英国新城镇法案》（British New Towns Act），导致整整一代英国景观设计师致力于新城市总体规划的工作；第二次世界大战后，德国的国际园艺博览会被用于帮助德国城市的再生。1984年利物浦国际园艺博览会（Liverpool International Garden Festival）是英国针对社会动荡状况而由德国引进的政策，这个国际园艺博览会是一次世界性的博览会，吸引了近400万游客。

像1985年的《欧洲共同体环境评价指令》（the European Community Directive on Environmental Assessment）这样的国际或跨国立法有利于景观设计学的实践，以至于有些景观设计师现在专门从事环境评价工作（见下文）。2000年，景观以欧洲委员会的《欧洲景观公约》的形式得到了最有力的国际政治认可。这一公约要求各国编制本国整体景观的存量清单，而不只是像国家公园这样特殊区域的自然趣景，公约还要求促进对景观（同时也暗含景观设计）的教育工作。

随着专业的不断成长，景观设计学已被认为可以解决在印度和中国的乡村，由工业化和快速城市化所带来的问题，以及随之而来的变化。自20世纪60年代以来，景观设计学由于可持续性、生态健康（包括废弃的和有毒的土地）和全球变暖、生物多样性、人口增长与生态足迹等这些思想而得到越来越多的关注。

在设计外部空间时，建筑师和开发商往往把重点放在建筑上，但建筑是相对有限的，由无生命的材料建成；相比之下，景观设计师关注建筑之间的空间。景观设计师首先关心的是场所，他们希望拥抱生命过程、生态系统及变化，他们的想法是基于对自然世界的理解。因为有这一整体性基础，景观设计学是一个能帮助解决人类对地球的影响所引发的众多问题的专业。

景观规划的基本原则已包含在各种类型的立法和政策文件中。在美国，《国家环境政策法案》（the National Environmental Policy Act）受到了伊恩·麦克哈格（Ian McHarg）在环境影响评价（Environmental Impact Assessment, EIA）方面工作的影响。EIA在美国发端于20世纪60年代，从20世纪70年代初开始被应用到北海石油领域的开发项目上。EIA由国际影响评价协会（the International Association for Impact Assessment, IAIA）定义为"在做出重大决策和承诺之前进行识别、预测、评估，以减轻发展计划在生物物理学、社会和其他相关方面的影响"。1985年，这种环境影响评价被现在的欧盟确定为强制性条款，在那里它被称为环境评价（Environmental Assessment）。2002年，战略环境评价（Strategic Environmental Assessment, SEA）被引入欧盟，它类似一个对经济规划和政策实行的前期调研。

环境评价就其本质而言是涉及多学科的，景观设计师在其中被赋予了一个特定的角色，因为他们是惟一受过景观视觉评价教育的专业人士。事实上，视觉影响评价在评估发展项目的影响方面已有广泛的应用。景观设计师会先建立一个对现有景观特征的基线评估，着手做一份理论可视区域（Zone of Theoretical Visibility, ZTV）地图，然后再评估视觉影响，以及思考如何管理、减少或增强这些视觉影响，这些内容都可辅以集成照片或三维可视化手段。

在中国，2002年设立的《环境影响评价法》已经开始产生了一些影响。在亚洲，一些重大的开发项目正在进行，这非常需要良好的景观规划。例如，长江上的三峡大坝已经对景观造成了广泛的影响。在一定程度上，这些是被预测到的，但对该项目的未来监督也许会表明，更好的景观规划和设计其实是可能的。

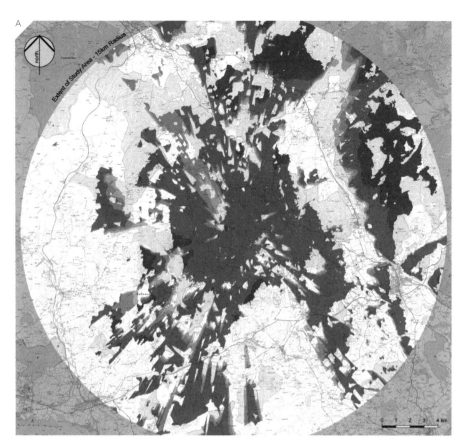

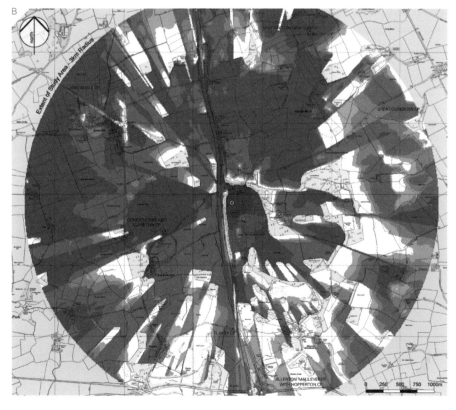

A. 对一个位于圆心处的 60 米高的风力涡轮机所做的半径 15 千米、多点、复合辐射线 ZTV 分析案例，在1:25000 地形测绘图上显示。涡轮机呈深蓝色，在区域中最为明显

B. 对一组位于圆心的、带有一根 80 米高烟囱的 44 米高的工业建筑所做的半径 3 千米、5 点 ZTV 分析案例，分析时考虑到了现有的视觉（林地）障碍。建筑物和烟囱呈深红色，在区域中最为明显

案例研究: 荷兰艾瑟尔湖圩田

创造新的土地及景观

荷兰过去 1000 年的历史就是一部与海洋争夺农田的历史。荷兰圩田所开拓的土地由于位于莱茵河三角洲内，所以粮食产量很高（圩田是在水中以堤坝围挡于四周而得到的一块土地）。开始是使用风力，后来从 19 世纪开始使用蒸汽动力，水被从越来越大的圩田中抽出来，19 世纪哈勒默梅尔（Haarlemmermeer）的开拓就是这样完成的。荷兰最大的圩田建设项目在须德海，它是北海的一个入口。在 20 世纪，建设圩田的目的是为粮食生产上的自给自足，而 1944 年至 1945 年间的战时饥荒又加剧了这种愿望。

荷兰艾瑟尔湖圩田国家办公室（The Rijksdienst voor de Ijsselmeerpolders, RIJP）成立于 1918 年，并一直运转至 1989 年，实施的工作包括建设围坝来对须德海加以围挡（1927 - 1932），然后按计划拦蓄五大块圩田：第一块是维灵厄梅尔圩田（Wieringermeerpolder），排设了 20 公顷农田；然后是东北圩田（Noordoostpolder），与维灵厄梅尔圩田类似，但包含了两个还保持原先地形特征的岛屿——于尔克（urk）和斯霍克兰（Schokland）；第三块是东弗莱福兰（Oostelijk Flevoland），排设有更大的农田，以及作为所有新圩田行政中心的新城莱利斯塔德（Lelystad）；然后是南弗莱福兰（Zuidelijk Flevoland），它包含了新城阿尔梅勒（Almere），该城是为容纳阿姆斯特丹的溢出人口而建的；另外第五块圩田是玛克旺德（Markerwaard），在项目结束的 2003 年之前，它已被规划好且围挡堤坝也已大部分建成。

前两块圩田，维灵厄梅尔圩田与东北圩田，与大陆相邻接，但还是发现有地下水的问题，特别是在较大的东北圩田。因此后两块圩田，东弗莱福兰和南弗莱福兰，是分别从清水湖费吕沃湖（Veluwemeer）和霍伊湖（Gooimeer）中围筑出来的，新圩田和大陆之间的距离为 500 米到 3000 米不等。这些湖泊将新圩田与大陆分开，并帮助维持了原先地下的淡水水位。

圩田最初是用于农业生产的，开垦的过程包括种植芦苇以使排水后的土地变得干燥并建立土壤结构。在两至三年后，RIJP 开始建设排水沟并种植第一批油菜，以抑制芦苇的生长，然后再种植谷类作物，提高土壤肥力。随后，地块再被细分为农场和道路，并建设其他基础服务设施。荷兰国家林业服务部（The Dutch State Forestry Service）接管了圩田内的林业用地和保护区，其中由国家林业服务部种植的白柳林，兼顾了娱乐休憩用途及商业开发。从 20 世纪 60 年代起，越来越多的土地被以湿地的形式划为自然保护区。

最早的圩田是以传统方式排设的，沿着圩田的所有道路都种植了树木来提供遮蔽空间（尤其为骑自行车者着想），村庄的形式则反映了荷兰本国传统在 20 世纪的重新诠释，房屋都带有坡屋顶。但在东弗莱福兰圩田，情况发生了改变，那里的定居点是平屋顶的现代主义建筑，从而整体景观显得更开放。那里的农场面积也由于借助机械化手段而增加到了 50 公顷之多。

南弗莱福兰东北部的奥斯特瓦德斯普朗森（Oostvaardersplassen）是一个面积达 5600 公顷的由沼泽、池塘和浅的岛屿构成的自然保护区。该地区原本是想用于工业用途的，而后留给了杂草植被和动物群。它有的部分相对干燥，有的部分相对潮湿，干燥的部分最初是一块柳树苗圃。为了在此放牧，人们引入了科尼克小马、红鹿和赫克牛，结果现在这里有多达 600 头的赫克牛。

新圩田总共为荷兰增加了 5% 的土地面积，以至于到了 1965 年，尽管荷兰是世界上人口密度最大的国家之一，但它在基本食品供应上能够自给自足。

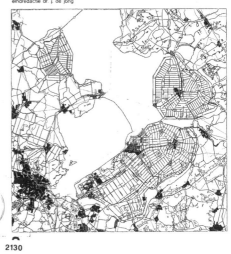

艾瑟尔湖圩田中的南弗莱福兰的卫星图像,大陆在其南边,圩田和大陆由费吕沃湖和霍伊湖的湖水分隔开来。伪色图中的红色代表植被,亮红色标示了更有活力的植被如树木和芦苇等,水是深蓝色的,建成区是浅蓝色的,耕地区的赤裸土地为灰绿色。3幅视图显示了新圩田的发展变化。

A. 1980年9月8日卫星视图: 大片耕地区为灰绿色

B. 1989年5月23日卫星视图: 场地已被细分,建设工作在西部的阿尔梅勒继续着

C. 2006年7月1日卫星视图: 年中的视图,可耕地大为减少,西部的阿尔梅勒已经发展成为一个人口超过19万的城市,可以看到亮红色的奥斯特瓦德斯普朗森保护区和位于其顶部的湖

D. 新圩田的典型风景

E. 1984年规划了左上部较小的维灵厄梅尔圩田(193平方千米)、右上部与大陆相连的东北圩田(469平方千米)、底部的东弗莱福兰圩田(528平方千米),以及它西边的南弗莱福兰圩田(430平方千米)

第 2 章
项目的开展

中国香港, 建筑工人们正在安装一个大型水景装置

本章将阐述景观设计项目初始阶段的内容。首先会介绍项目概要，然后介绍与不同类型客户合作的利弊、估算项目成本的各种方法和在场所调研中需要收集的各类信息。所有这些工作都需要在做实际的设计实务前完成，下一章将介绍设计实务。

项目概要

一个项目通常会先有一个项目概要，项目概要是对景观顾问所能为客户提供何种服务的描述，它可能只是一张单页纸，也可能是一份较长的文件。通常客户不一定能明确知道他们想要些什么或者景观设计师能做些什么。在这种情况下，项目概要通常是景观设计师与客户之间经过一系列讨论之后得出的结果。不过，有时候客户也可能会拥有丰富的委托经验，在还没有进行咨询之前就已经提出了一份项目概要。

景观设计师能在项目中发挥多大程度的作用，既取决于他们自身的能力也取决于项目本身。不过通常来说，景观设计师会为一项建筑或工程开发项目承担以下设计工作和具体事项：

· 土方工程（一些土方工作如修筑路堤等需要工程师的建议）；
· 种植（如乔木、灌木、草本科植物、乔本科植物）；
· 表层土壤或其他土壤；
· 场所坡度和轮廓，包括确定道路和人行道的基准面及确定建筑的位置和首层的标高，这些工作需要与工程师及建筑师进行合作；
· 水景设计，如设计湖泊、沼泽、池塘和喷泉；
· 根据布局和外观，设计道路、人行道以及其他铺砌区，包括确定侧石、步阶和路沿的细节，这也需要与其他顾问合作（比如土木工程师）；
· 场所设备如灯具、座椅、垃圾箱的设计与规格；
· 与维护工程师沟通公共设施和树木的位置，并监控承包商的完成情况。

由于每个项目内容不同或处于不同的国家，所以项目细节自然会有所不同。例如在美国，景观设计师通常需要负责住宅项目的土方工程和地块布置。不过景观设计师应尽量避免承担超出他们职业能力范围的建筑责任，这不仅仅是出于保险方面的考虑。

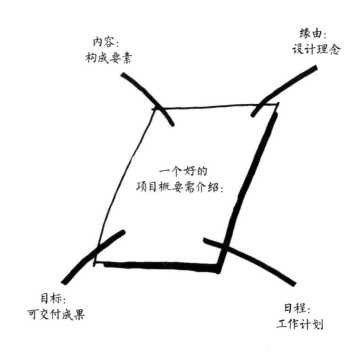

内容：
构成要素

缘由：
设计理念

一个好的
项目概要需介绍：

目标：
可交付成果

日程：
工作计划

A

C

B

景观设计师需要能综合理解一项设计的所有要素。

A. 2012 年荷兰芬洛世界园艺博览会的丘地

B. 外部照明的一种方式: 在拉维莱特公园, 简单的荧光灯管被安装在座椅上, 该设计始做于 20 世纪 80 年代, 现已改用 LED 灯

C. 英国汉普郡的海勒苗圃 (Hilliers Tree Nursery), 有选择性地使用植物材料

D. 植被的季节性色彩变化

D

因此，一位景观设计师可以设计道路布局并提出铺砌方式，绘出场所边沿并确定基准面，但即使是很小的项目，景观设计师也应确保道路结构方面的内容由土木工程师把关，包括地基的建设。照明电气的布置和道路排水系统的设计由维护工程师负责，公共道路或更大的道路项目需要道路工程师承担布局设计，而人工湖则需要由专门从事水库设计的工程师来把关。

在最初阶段，景观设计师应该做现场调研并商讨项目的大概成本。事实上，在协商专业费用之前就应该商讨项目成本，除非甲方同意对初期讨论按时间计费。专业费用是为专业服务所支付的（参见第68-69页），合同成本是支付给承包商用于建造或种植工作的款项（参见第141-144页）。

举例来说，在1990年的巴黎欧洲迪士尼主题东园项目中，景观设计师负责：

· 采购植物；
· 设计及规范植被；
· 设计及规范表层土，并负有对土方形式提出建议的部分责任；
· 设计及规范灌溉装置；
· 协调地下设施（即在平面图上将它们绘出，并与维护工程师确定种植灌木和乔木的所需空间）；
· 规范后台景观维护区；
· 监督现场工作并向客户报告。

项目概要是一份由委托方华特·迪士尼幻想工程（Walt Disney Imaginering，WDI）及其项目经理莱勒·麦戈文·博维斯（Lehrer McGovern Bovis）起草的长达100页的文件。客户希望欧洲景观设计师能确保他们的设计实现。WDI在此之前已经设计过3座迪士尼主题乐园，他们知道自己想要什么，但他们不知道在欧洲该如何才能将之实现。整个设计团队参观了洛杉矶迪士尼乐园，个别成员还被授权访问了美国佛罗里达和日本东京的迪士尼乐园。迪士尼元老级景观设计师摩根·埃文斯（Morgan Evans）在整个行程以及随后的巴黎项目中担任了一个"教练"的角色。

A. 由扬·克沙雷（Yann Kersalé）为巴黎凯布朗利博物馆（Musée du Quai Branly）设计的一种景观照明方案，照明设备为亚克力材质的3W LED光柱，高度从30厘米至2米不等
B. 巴黎欧洲迪士尼乐园的土方工程：构筑了可种植的约9米高的环形丘地以与外界隔离
C. 中国香港中国银行的水景
D. 2012年荷兰芬洛世界园艺博览会的花盆、座椅和互动水景
E. 2012年荷兰芬洛世界园艺博览会的户外木地板
F. 加利福尼亚科斯塔梅萨市的中心公园（Town Center Park），由彼得·沃克设计的不锈钢倒影池
G. 2012年荷兰芬洛世界园艺博览会的木栈道
H. 伦敦，用切割花岗岩铺设的道路
I. 葡萄牙法鲁，曲线形木质长凳
J. 荷兰格雷伯格格（Grebbeberg），由迈克尔·范·格塞尔（Michael van Gessel）设计的耐候钢步阶
K. 阿姆斯特丹，硬木梯台

A

B

C

D

E

F

G

H

I

J

K

A

B

景观设计师需要在种植及材质方面增强自信。

A. 2012 荷兰芬洛世界园艺博览会, 草地的种植

B. 英国利物浦一号开发区, 成年树木的种植

C. 伦敦, 桦树林的种植

D. 荷兰, 混合草原的种植

E. 巴黎高迈耶公园 (Parc des Cormailles), 植被秋色的种植

F. 法国里尔巨人花园, 竹子的种植

G. 巴黎欧洲迪士尼乐园, 大规模环形土方工程

C

D

E

F

G

景观设计师需要与各种客户合作，包括政府客户和私人客户。

A. 纽约高线公园，由预制混凝土和木材制成的长椅: 该公园属于纽约市，但由当地居民于 1999 年成立的 "高线公园之友"（Friends of the High Line）机构负责公园的运转事宜

B. 阿布扎比，屏墙照明装置: 由私人开发商开发设计

C. 巴黎胡安·米罗公园（Jardin Joan Miró），扇形丘地和秋天的落叶: 由巴黎市政府所有并直接管理

D. 塞浦路斯，混凝土游泳池: 由私人开发商建造

E. 英国雷丁，建设中的一个湖的土方工程: 属于一个私营商务园区

F. 丹麦靠近罗斯基勒的海德兰德露天剧场（Hedeland Arena），覆有草皮的圆形剧场阶地: 由附近 3 个地方当局共同拥有的一家合营公司 I/S Hedeland 将该区域经营成为了一处国家公园

客户类型

景观设计的实施背景根据经济和行政管理政策的变化而变化，因此 18 世纪的风景园林师多为私人主顾提供服务，而如今景观设计师的客户则是以公共和企业客户为主。各种不同客户可分类如下：

个人（比如说，花园、房产或私人住宅项目）：这可能会是最具有挑战性的客户，特别是当他们对建设项目不熟悉或者对因天气或材料延后供应而导致项目延误感到不满意时。不过私人客户也可能是最易于沟通的，他们不会要求景观立即产生效果，而是能做好准备等待其长远效果。这项工作可能会非常令人满意，因为你是提供一种专人服务，而且你能改变人们的户外环境。

私人开发商：他们可能是为自身消遣而开发场所的工业或休闲、娱乐企业，也可能是住房、办公室和零售空间的房地产开发商，可能是短期投机，也可能是长期投资。房地产开发商很可能事先就制定好了项目概要，并确定了运作方式，这一运作方式必须被遵循，但也可能会被证明是有问题的。有些很好的私人开发商都拥有地产，例如院校和养老基金会，他们会着眼于长远利益，对土地进行投资。再例如，伦敦码头区金丝雀码头（Canary Wharf）的私人开发商就想要拥有一份令人信服的总体规划和一个优质的环境。

中央和地方政府：通常它们会像私人开发商一样预先制定好运作方式，并常常是颇具挑战性的客户，因为它们的运作方式也许会不恰当地限制设计的灵活性。一个典型的例子是地方当局出于财政年度或选举的考虑，要求工作要根据一个紧迫的时间表在一年中不适当的时间段（也许太冷或太热）完成。此外，政府项目的范围很宽泛，"英国新城镇"（the New Towns in the UK）

是由政府机构开发的；荷兰艾瑟尔湖圩田国家办公室也是政府机构，在超过 70 年的时间里它负责在须德海开拓圩田。在英国拥有大片土地的最大的中央政府机构是林业委员会（the Forestry Commission）和国防部（the Ministry of Defence）；而在美国，国家公园管理局总共管理着 34 万平方千米的联邦土地。

非政府组织（NGOs）：这是一种非营利机构，在许多国家，最大的非政府组织是自然保护慈善基金会，由于它们对土地的管理着眼于长远利益，因此也会是很好的客户。社区和公共利益团体则包括像纽约的中央公园管理委员会（the Central Park Conservancy）这样的机构，该机构致力于中央公园的升级改造。在英国，佩因斯希尔公园基金会是当地一个致力于恢复一座18 世纪风景园的慈善机构（参见第 30 页）。在里斯本，卡洛斯特－古尔班基金会（the Calouste Gulbenkian Trust）位于一个面积达 7 公顷的极好的现代主义公园内，该公园是在 1968 年委托贡萨洛·里贝罗·泰勒斯（Gonçalo Ribeiro Telles）和安东尼奥·维亚纳·巴雷鲁（António Viana Barreiro）设计的，包括一个湖、一个雕塑公园和一座露天剧场。

公共资源

景观设计学的一个问题是，它的许多工作都涉及经济学上所谓的"公共资源"。传统上，公共土地或高山牧场和热带森林（公有及共享的）被视为公共资源。然而，这个定义如今已被扩展，比如海洋、南极洲、清洁的空气和水、安静的环境如今也被视为公共资源。对莱茵河进行清理和去沟渠化的工作是否应该被视为公共管理呢？在过

去的几十年内人们对此一直存在争议。而如今在诸如气候变化和空气质量等议题上有了全球公域（global commons）的概念，如何估值这些公共资源，对参与其中的经济学家和设计师都是一个挑战，对整个社会来说也同样如此。

长远价值

通常最好的私营企业客户是那些追求长期经济利益的。例如银行和养老基金有资金，他们所面临的挑战是通过良好的金融投资长期确保资金价值。我们最好的客户之一是前国有电力养老基金（Electricity Supply Nominees），养老基金是高度资本化的，它面临的挑战是要确保其投资的价值将在 40 或 50 年的时间尺度内持续增长，这是一个很长的时间跨度。投机开发商们更注重短期前景，他们对快速回报感兴趣，希望能迅速销售开发项目，以生成更多的钱投入到下一步的发展中。相比之下，许多大学会是明智和聪明的客户，但跟他们交流也可能会很困难，因为委托方是由受过高等教育的专家们组成，但这些专家可能又对房地产市场或者对设计缺乏很好的了解。景观设计业务开展的关键是取得客户的支持。还需要记住的是，客户们通常是有目标或者理想的，而你应使它们实现。

案例研究：阿姆斯特丹的韦斯特加斯法布里克公园

客户为市政府

荷兰阿姆斯特丹的韦斯特加斯法布里克公园（Westergasfabriek Park）是一处面积达 13 公顷的公园。原韦斯特的煤气厂于 1967 年停产后，留下了一块被严重污染的场地，到了 1992 年该场地完全被废弃。这一地块与阿姆斯特丹市中心只有 3 千米的距离，但两地的连接在北面被铁道线切断。20 世纪 90 年代，阿姆斯特丹市政府考虑将该地块开发为文化场所，而非住宅、办公或其他商业形式，因为这样它就能为整个阿姆斯特丹服务，而不仅仅是属于其所在的区。

有些工业建筑留存了下来，可以将它们用做文化或休闲用途，在项目开展的前期，相关部门还对土地中有毒材料的修复标准展开了长时间的讨论。项目概要是以"文化·艺术·新媒体"类型为框架而构建的，这种类型附带有一些"社区"设施，被置于典型的生态公园内。2000 年 1 月，当时的土地所有者同意以 500 万美元的价格将地块卖给一个私人开发商，后者则承诺将修复工业建筑并建造公园。

该项目由伦敦 Gustafson Porter 事务所负责，公园建设于 2003 年 9 月 7 日由阿姆斯特丹市长乔布·科恩（Job Cohen）启动，旧煤气厂的修复工作紧随其后。公园被覆以草皮，种植了大型苗木。然而工程实施时遇上自 1540 年有记录以来欧洲最热的夏天，导致超过 90% 的树木和草皮死亡。很显然，设计师受迫于私人开发商，在错误的季节进行了种植。如果客户被更好地提前告知实情 [就如原阿姆斯特丹市园林局（City of Amsterdam Parks Department）曾做过的那样]，这样的事也许就能避免。该案例是客户出于政治或公共关系的原因而坚持不恰当行为的典型实例。公园在两年之后再次种植树木和草皮。2007 年它作为面积超过 5 公顷的公园，赢得了景观学院奖（the Landscape Institute's award）最佳公园奖项。

A. 韦斯特加斯法布里克：入口的桥从南面穿越哈勒姆拖船运河（Haarlemmertrekvaart）——一条开凿于 17 世纪的通往哈勒姆（Haarlem）的高速客船运河；步于桥上，可以俯瞰位于其下的旧煤气厂建筑，如今它已经成为了一个包含文化、音乐和电影内容的场所，周日有户外市集

B. Gustafson Porter 事务所参加设计竞赛获胜的规划是安排在一条东西向轴线上，西北部为比较自然化的区块，这个区块和一个原先的泥炭湿地自然保护区相联接。公园东边布置得较为整齐，有一块可举办大型活动的草地，以及一个较为规整的混凝土砌边的水池，可用于夏季涉水和游戏。公园向东是韦斯特花园区，它始建于 1891 年该地区开始被开发之时

C. 溪流的景色和公园西边的"山谷"

D. 虽然两个水池看起来像一个，实际上浅水池和柏树池是完全分离的，浅水池供应的是洁净的水，而柏树池则被用于地面排水，它是水净化系统的一部分

E. 柏树池的景色，远处为堤坝和浅水池。落羽杉种植于独立的丘地之上

F. 位于柏树池的木板路和左边的芦苇池之间的小瀑布，它能为水流增氧

G. 储气罐池，种植了芦苇，有为地面筑巢的鸟类而设的小岛

B

C

D

E

F

G

费用：如何获取报酬

与其他的开发项目顾问如工程师或建筑师相比，景观设计师所负责的资本额（项目开发的货币额）通常是比较小的。因此，景观设计师出席一个常规的现场或设计团队会议所需支付的费用和开支，按比例算可能远超过他们所负责的工作的价值。不过有利的一面则是，相较于一项工程或建筑业务，景观设计业务通常会同时涉及更多的项目，这不仅是因为景观项目的资本额较小，还因为项目常常会持续较长时间。当建设完成并移交给业主时，建筑师的参与通常就结束了，相比之下，景观设计项目往往在客户开始接管场所时才算刚刚开始，此后景观设计师需要继续担任管理顾问的角色。在财务上，这相当于将金融小鸡蛋放在更多的篮子里。

将基本建设的开发成本与继续管理和维修的费用加以区分也是很重要的。管理和维护是景观项目能持久成功的关键。这包括街道清洁、垃圾收集、标志及围栏的涂装和维护，也包括割草和修剪树木等广泛的日常园艺维护，此外，湖泊需要不时加以疏浚，喷泉和水泵需要定期维护，照明和木质油饰也同样如此。所有这一切都需要从一开始就加以计划、确定程序。用以支付这一切的收入来源也要计划，比如以物业租赁服务费为收入来源。

斯托克利园区（Stockley Park）在我们看来是英国设计得最好的商务园区，它的开发商斯图尔特·利普顿（Stuart Lipton）有一次曾打趣说"景观的花费微不足道"，不过他已意识到，一个景观设计师的专注付出确实能提升物业的价值。也就是说，景观设计可以使开发商赚到钱。景观设计师所面临的挑战就是要确保他们的贡献确实具有价值。

景观设计项目中的日常管理费用（如旅行、办公、餐饮费用，以及可能出现的酒店差旅费）始终是个问题，因此，如果能按参加设计会议、现场会议和苗圃考察所需时间来商谈收费是明智的。记住，苗圃考察可能会需要出国：欧洲的大树出产中心是在意大利皮斯托亚、荷兰和德国的石勒苏益格 - 荷尔斯泰因，而如果你正在寻找大棕榈树，你则可能需要去美国佛罗里达州或西班牙。需要在早期确定的重要内容包括：

a) 充分估算建设成本和持续维护所需的费用；

b) 制定项目方案——包含提交设计成果、估算项目成本以及实施完成项目的时间表，以便承包商能做项目投标；

c) 制定投标计划——制定公开投标的时间表，包括选择合适的竞标公司、安排合理投标时间、合理计划核查投标文件所需的时间，以及委托一名成功的承包商；

d) 安排现场工作计划——制定高效且切实可行的时间表，其时间跨度要一直到项目完成；

e) 制定维护方案，通过有计划的收入为场所的维护与管理持续提供资金。

请注意，成本估算应该先行。被任命之后，景观设计师应该确保项目有足够的资金。本书的作者之一参加了欧洲迪士尼乐园，也就是现在的巴黎迪士尼乐园最初的 56 公顷主题乐园的项目建设。该项目初始阶段的景观顾问为伦敦 Clouston 事务所和巴黎 API 事务所，它们负责绿植种植、表层土覆盖、绿植灌溉和服务协调。接受委托之后，景观设计师发现之前对景观工程的拨款为 4000 万法郎，而他们根据设计纲要对成本进行的详细估算为 1.8 亿法郎，最后，项目的实际费用大约为 1.2 亿法郎。也就是说，项目管理者最初做的成本估算太低了，只为实际费用的 1/3，成本估算应该基于可供比较的项目和土地面积而做出。

有时客户会不知道项目的持续管理应该由谁负责。例如，2000 年当伦敦泰晤士河坝公园（the Thames Barrier Park）建设完成之后，伦敦 Docklands 开发公司认为应由伦敦的纽汉姆区承担该公园的管理（参见 74 页）。然而，管理需要资金，而伦敦 Docklands 开发公司又没能为该地块的后续管理给予任何财务规划，因此纽汉姆区拒绝接管它。其实伦敦 Docklands 开发公司本可以对该项目作出合理的财务安排，例如签定一份作为其规划许可一部分的合同，或在后续的土地销售中设立一种服务收费安排（该公司同时也是土地所有者）。毗邻的私人房屋开发商也能够帮助提供公园的维护费用，因为他们能从公园获益，所以这种做法是合理的。以上这一管理交接问题导致公园的开放被延迟，最终是新成立的由伦敦市长主管的大伦敦管理局（Greater London Authority）接管了该公园的维护责任。

费用

关于咨询工作的收费主要有 3 种计算方式：时间、百分比和总额。

按时计费的方式是以事先约定的小时、日或周来计算，依据员工资历和所承担责任的不同，向每一级别的员工或个人（包括负责人）支付费用。不过这种收费方式还应该有审核日期，尤其是对于长期项目以及处于高通胀时期的项目，收费应该实行与指数挂钩。与指数挂钩就是将约定费用与一个约定的价格指数如生活费用、国家工资水平或者建筑行业成本等相关联，从而保证在几个月甚至几年内费用能与通货膨胀持衡。计时收费一般是预先达成协议，特别适合被用于前期工作或环境评价和景观规划等案头研究工作，对于这些工作来说，这是一种安全的收费方式。

按百分比计费的方式与工作的价值相关，通常是按景观顾问所负责的合同或分包合同所占总额的百分比来计算。例如，一项100 万英镑的景观工程也许可以要求 5%-10% 的收费，也就是 5 万 -10 万英镑。有时百分比也可能比较低，比如占整个项目总投资成本的 0.5% 到 10% 不等，尤其是当景观设计师只是对建筑物的位置和方向给予建议，或为道路或其他工程作总体规划框架时。百分比收费方式一般也会随着工作类型的复杂程度和投资总额的大小而变化。总价较低的项目所需支付的费用会占较大的比例，而复杂的项目同样会按较高比例收费。例如高尔夫球场、国家公园和造林项目通常被认为是较为简单，而城市设计或历史景观保护设计则被认为是最复杂的。大多数景观设计专业团队都有自己的百分比计费准则。

总额式计费是固定数额式收费方式，通常包括了各类开支（这一收费方式一般是在总费用之外至少要另加 10%），许多希望严控项目费用的客户更乐于选择这种收费方式。咨询工作的收费最初可按时计费或按百分比计费，然后再转换为总额式计费。不过，针对项目时间表应该有一份明确的协议，比如整个项目有延迟时需加付补贴，对可能发生的简单变化，即所谓的"工程变更"，包括对额外工作所付的额外费用，以及对通货膨胀的考虑都应该进行事先协定。

还有一种基于聘请费的财务安排，这是当客户根据自己的需要，希望在较长一段时间内持续雇用景观顾问为之服务时的一种收费方式，在该段时间内发生的所有工作都须由景观顾问来执行。不过，需要再次强调的是，对工作的范围还是要有清晰的界定。

付款阶段——所有的收费计算方法都可分期付款，每个阶段的收费最好是根据当时设计及实施的时间表按月开具发票，这可以确保充足的资金流入，避免发生由于工程延迟或者客户付款缓慢等原因而造成的逾期未付款情况。

阶段式收费将开发项目的设计及合同实施程序打散为许多阶段，列表如下，景观事务所目前的阶段式百分比收费方式是：

工作阶段		收费比例	总收费
A	项目初期	不适用	不适用
B	可行性分析	不适用	不适用
C	总体方案	15%	15%
D	设计方案	15%	30%
E	详细方案	15%	45%
F/G	产品信息和工程量清单	20%	65%
H/J	投标及准备合同	5%	70%
K	建设期	25%	95%
L	完成	5%	100%

百分比收费方式并不适用于 A 和 B 阶段，这两个阶段应该实行按时计费或总额式计费（这并不意味着它们应该是免费的），或者也可以这两个阶段每一阶段收取总费用的 5%

案例研究：纽约中央公园

客户为慈善团体

中央公园是位于纽约市中心的一座面积达 341 公顷的城市公园，最初开放于 1857 年，由卡尔弗特·沃克斯和弗雷德里克·劳·奥姆斯特德设计。到了 20 世纪 70 年代，它已趋于破败。1980 年，一个私人性质的非营利组织中央公园管理委员会成立了，其成员包括一群市民和社区领袖，该组织的成立旨在与纽约市合作，修复、改善及管理中央公园。

根据市政府和慈善机构之间的权力分配安排，中央公园园长担任公园和管委会的首席执行官。1979 年区专员戈登·J. 戴维斯（Gordon J. Davis）任命伊丽莎白·巴洛·罗杰斯（Elizabeth Barlow Rogers）为中央公园的园长。罗杰斯是一位公园活动积极分子，著有许多关于公园及建筑师奥姆斯特德的书籍和文章。戴维斯要求罗杰斯从民间筹集资金以支付她担任园长一职的薪酬。到了 1980 年这项安排随着管委会的创立而正式确定。从 1982 年起，罗杰斯管理了一个景观设计团队，该团队承担了一项为期 3 年的公园全面调查，并制定了一份公园的总体规划，该规划包括修复绵羊草原（Sheep Meadow），种植成千上万棵灌木和花卉，以及修复像毕士达阶台及喷泉（the Bethesda Terrace and Fountain）和望楼城堡（the Belvedere Castle）等重要建筑物。规划提出在 10 至 15 年间，花费 1.5 亿美元进行一项"系统和连贯的改造"。在第一个 10 年结束之时，中央公园管委会为公私合营的中央公园项目筹集了超过 6500 万美元的经费，该数额超出了公园预算的一半，对关系公园未来的决策产生了重大的影响。

1998 年，公园管委会和纽约市确定了正式的合作关系。目前，管委会负责园区的日常维护和经营，公园 90% 的维护人员由管委会雇用，公园年度管理预算 4240 万美元的 85% 由管委会通过融资和投资提供。对于管委会所提供的服务，纽约市政府要支付一笔年费，此外，纽约市政府则为园区的照明、车道维护以及执法机构提供资金。中央公园现在每年有 3500 万游客，而中央公园管委会也成为了一个通过公私合作使历史性城市公园得以重建的一个成功典范。

A

面积达 341 公顷的纽约中央公园。

A. 越过湖面观览中央公园 West 公司大楼
B. 从中央公园管委会看向西南方向的景色
C. 以第八大街和剧院区（the Theater District）为背景
  的绵羊草原
D. 向北看向哈莱姆区，可看见被树冠围绕着的绵羊草
  原、湖面和杰奎琳水库（the Jacqueline Kennedy
  Onassis Reservoir）
E. 从湖上远望中央公园南部

场所调研

场所知识是景观设计专业的基础,可通过直接观察和研究有记录的及已发布的规划获得这种知识,而且以这种方式建立起来的对场所的理解,是既有事实根据又带有情感色彩的。进行场所调研时,亲自在上面走走是很有必要的,应该在一天及一年中的不同时间体验它,记录它的诸多要素,理想的情况下,景观设计师还应该在那里睡睡觉,虽然这非惯例,但有次在参加一次国际设计竞赛时,本书的两位作者曾经尝试在场所睡过觉,而且最终在竞赛中获胜。

场所调研应该记录场所的物理特性。土地调研内容通常包括原有等高线、构筑物和主要植被等细节,一般由专业勘测员来做,但此类调研必须辅以景观调研,以确保自己对场所有一个透彻的了解。一个完整的景观现场调研应包含由工程师做的土地调研,包括调研土壤的承载力和地下水位,也应包括由树木栽培学家(树木种植顾问)所做的详细的树木状况调查。

场所调研需要审视以下因素:

· 地质和地表地质;
· 场所土壤,包括贫瘠和肥沃的土壤;
· 水文,包括地下水位和地表水,例如池塘、溪流和河流、洪水、岸线和涨退潮的潮汐区;
· 气候和微气候,包括光照条件、霜袋地、向风区、遮阴区、日轨图、场所的纬度和经度;
· 植被,包括乔本植物、草本植物、木本植物和重要栖息地;单独的树木和林地;
· 场所历史,包括历史性的和已登记的(或受保护的)建筑物、构筑物和文物;
· 场所的使用,包括正式和非正式的,以及定期和不定期的;
· 景色,包括场所内、外的以及内外之间的;还有景色的类型,比如广阔全景、地标景色;
· 场所表面、建筑物和文物;注意所用的建筑材料,包括石材、砌砖方式、灰浆类型、颜色和纹理、涂饰颜色;
· 场所设施,包括排水、电力、给水、电信、煤气等等;
· 气候,包括风,雨,温度,日照;
· 地形和标高,包括场所的等高线测量,陡峭山坡的测量;
· 摄影调查;
· 噪声和污染,包括地面和空气污染;
· 规划和权属状况,包括建设条款、规划控制和指示。

此外,应该将场所放在与它相对应的社会、环境、生态、经济、交通和历史背景等条件之中加以考察,这样才能对影响它的外部因素予以评估。例如,像电力或下水道这些设施的有无和容量,可以促进或限制场所的开发。邻近就业地、学校、商店、交通,对住宅项目而言具有重要影响。而对于特定的开发项目,不管是特殊生境的存在还是具有历史或考古意义的场所,都既有可能限制其开发,也有可能给予其特别的开发机会。

完成场所调研之后,应对调查方案进行整理和分析,以形成一份综合方案,这通常会是一份机遇和制约因素并存的方案,有时它被称为 SWOT 分析方案(Strengths, Weaknesses, Opportunities and Threats——优势、劣势、机会和风险)。

只有在所有这些信息被收集和组织起来之后,才能开始实际的设计工作。没有场所的知识,景观建筑设计就无以立足,因此景观设计师应该到访场所并深刻理解场所,在那里多花些时间体验,可能的话就在那儿睡上一觉,能住上几天就更好了,因为这样景观设计师就可以在一天中的不同时间体验它,这些对设计而言都是至关重要的。如果缺乏对一个场所的充分了解,景观设计师可能会做出华而不实的设计。

需要记录的场所要素

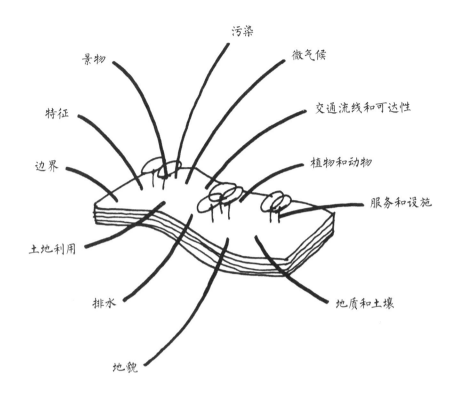

污染

微气候

交通流线和可达性

植物和动物

服务和设施

地质和土壤

景物

特征

边界

土地利用

排水

地貌

A. 场所调研图

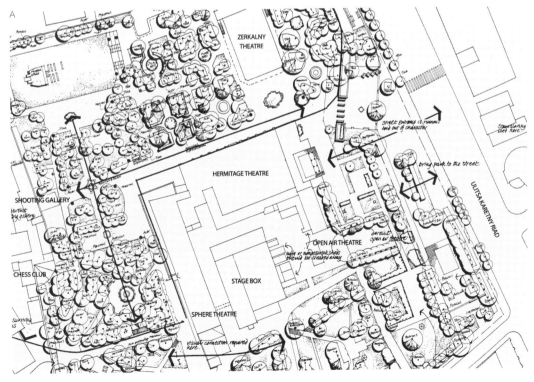

案例研究：伦敦泰晤士河坝公园

客户为公营开发公司

此项目为第二次世界大战后的伦敦提出了一种新思路，即对城市公园的投资能促进一个地区的大规模再开发。泰晤士河坝公园的特色是有一座反映了公园历史用途的绿色船坞，此外还有灌木林和混凝土道路，它的建设是为了带动相邻地块上的私人住房建设，截至到本书写作之时，虽然北边位于北伍尔维奇路（North Woolwich Road）较远一侧的驳船码头（the Pontoon Dock）遗址还依然空无人影，但这个愿望在公园的西边和东边地块已经实现了。

该公园的使用方式是传统的和较为消极的：这里是一个供人们散步、开展园艺展览和欣赏伦敦景色的地方，可欣赏到的景色有泰晤士河坝、泰晤士河以及南边绿树覆盖的射手山（Shooters Hill）。场所面向泰晤士河北岸，正好位于泰晤士河坝的西边。公园位于锡尔弗敦（Silvertown）的后工业化用地上有污染遗留，尤其是轻油和焦油。1984年大伦敦议会提议将该地建设成为一座公园，伦敦 Docklands 开发公司采纳了该提议，并于1995年获得该地块，随后它发起了一项分为两个阶段的国际设计竞赛，包括改造废弃和有毒的土地，以及公园和住宅的开发计划，在项目的这个阶段没有设定预算。

总部设在伦敦的 Patel Taylor 建筑事务所和总部设在巴黎的 Groupe Signes 景观设计事务所赢得了竞赛，英国 Arup 公司则担任工程顾问。Groupe Signes 由法国景观设计师阿兰·普罗沃斯（Allain Provost）主持，他曾设计过巴黎拉德芳斯区的狄德罗公园和巴黎雪铁龙公园。

项目进行过程中，伦敦 Docklands 开发公司在1998年关闭了，之后公园先是被转交给 English Partnerships 公司（是另一家中央政府机构），然后在2000年7月公园又由伦敦新市长及大伦敦管理局接管。目前该公园是由大伦敦管理局拥有和维护，公园的维护根据合同执行。

该项目整体投标价格超过800万英镑，资金来自伦敦 Docklands 开发公司、English Partnerships 公司和伦敦纽汉区。随着项目的不断进展，公园基本实现了最初的设计构想，它覆盖了9.3公顷的面积，最后的开发总成本计算为每平方米86英镑，与之相比，巴黎东部的贝西公园（the Parc de Bercy），也是一座位于河边的性质与之差不多的公园，造价却高达每平方米300英镑。

Patel Taylor 事务所和 Groupe Signes 事务所对该公园的设计是一个简单方形的、面向泰晤士河的高台草坪，在它的其他三面为住宅开发项目。住宅楼的分布像是一把"扶手椅"：中间面向泰晤士河的住宅楼好似扶手椅的靠背，而两侧的住宅楼好似扶手，这样的布局方式最大化了围合空间内外景观的视觉效果。方形平台的大部分面积为修剪过的草地，但它的标志是长条形草地和桦树林。设计师最初的想法是将它设置成6条白、红、蓝、黄的分色野花草地，但最终没有实现，现在的长条形草地以绿色豌豆为主。这个想法之所以没有实现，一是因为人们会践踏，所以在公园中设置野花草地是颇有挑战性的，需要很专业的管理。二是因为在泰晤士河坝公园引入的表层土壤后来被证明过于肥沃，这直接导致了野花草地的失败。

在竞赛方案中，入口处的绿色船坞里有许多上升或下降的丘地，就像起伏的波浪一样，当人们从公园位于北伍尔维奇路的入口进入时，会有一种神秘的感觉，不过实际上只有一个丘地是建在北端的。现在公园的景色从入口一直延伸，穿过整个公园，最后到达泰晤士河坝顶端闪亮的由不锈钢包覆的水闸构筑物。这个绿色船坞的形式最初会令人印象深刻，但重复到访之后，就会感觉有点虎头蛇尾，因为它只有一个入口和一个出口。沿着高台上的路径，可驶往码头区轻轨（Docklands Light Railway）的高架驳船坞车站（Pontoon Dock station），轻轨一直延伸至2005年开始使用的城市机场（City Airport）。这个具有雅致效果的公园是典型的后期现代主义作品，能在英国看到这样一座形式简单、手法自如、富于时代感的公园真是令人耳目一新。

A. 纪念第二次世界大战受害者的亭子

B. 覆盖着蕊帽忍冬的引人注目的绿色船坞挡土墙

C. 树篱之间是展示开花草本植物的单一地块

D. 从 DLR 车站越过绿色船坞看向泰晤士河及泰晤士码头（左边）的景色

E. 绿色船坞的形式就是一些波浪形的树篱

F. 绿色船坞中垂死的紫杉树篱，这是由于引入湿黏土作为表层土而导致的

第2章　案例研究　伦敦泰晤士河坝公园

第 3 章
设计的过程

位于鲁尔区的卡斯特罗普－劳克塞尔的埃林商务园
区建于一个煤矿旧址上, 是埃姆舍尔公园国际建筑展
的一个项目

本章将综述设计过程及其基本要素,如场所的重要性、灵感的意义、层次结构、人体尺度、人的流动和自然的变化。文中将述及景观设计师需要应对的五部分内容,讨论层次结构、对称和不对称、国民的景观价值观、人体尺度、线性关系、颜色、形态和肌理等理念,以及关于过程和变化的观点。

进行设计

设计过程是指设计师接受委托任务后,所做出的回应。这种回应有时是合乎逻辑的,有时是基于直觉的,有时则表现得较为实用主义。这个过程包括设计方法、技巧和灵感等内容,它们共同形成了一项有针对性的行动计划。

如果将项目概要划分为以问题为导向的和以解决方案为导向的两大类,则其制定方法可以简化。例如,一个商务园区的建议书可用以问题为导向的方式来制定:它有非常大的占地面积,有一套既定的路网,有大片的高楼建筑,并配置了相应数量的停车位(例如每20平方米建筑面积配置一个停车位)。以这种方式制定建议书,有助于确定后期对开放空间的设计方法,如是否建设池塘或湖泊以调节湿度,是否在办公区建设配套的景观绿地或花园作为周边绿化带。与之相比,一个以解决方案为导向的项目概要则可能是将商务园区视为办公场所,而对其开放空间

的设计和对环境的营造能够增强员工的创造力和团队协作力,因为优质的环境能使人们从日常的会议和办公中短暂解脱,得到放松。这种方案可能会提供一个注重景观的花园设计,能让人们在办公时将视线从电脑屏幕转向水绿相间的愉悦景色,以得到休息。这是一种鼓励人们以团队的方式一起工作的环境设计,易于到达的花园,可用于员工们放松身心、沉思冥想,或偶尔一起讨论。景园中有整洁的小径,员工可在这里射猎松鸡和野鸭,或打打高尔夫球。于是通道设计和场所规划也要服从于这一目标。此处的重点是,一个更好的环境会大为提升房地产的价值。

设计理念常常经由对场所的背景性质即场所精神的探究而得到,理解场所不同的环境品质有助于拓展设计思路和引导设计过程。

A. 西班牙科尔多瓦大清真寺(the Mezquita de Córdoba)的庭院
B. 英国萨里的英式如画景观: 佩因斯希尔公园
C. 德国的后工业景观: 北杜伊斯堡风景园
D. 埃及西奈沙漠南部,沙漠里的庇护处
E. 荷兰格雷伯博格抬高的视点,俯瞰莱茵河冲积平原
F. 英国利物浦,现代公共区域
G. 中国桂林,石灰岩喀斯特风景

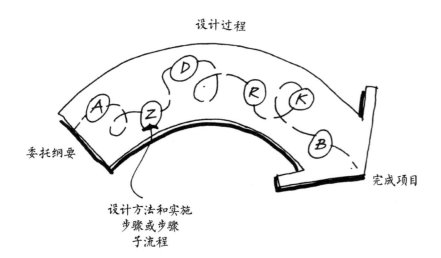

设计过程

委托纲要

完成项目

设计方法和实施
步骤或步骤
子流程

在评价环境文脉时,景观设计师需要熟知空间的功能、规模、并置和围合。

A. 英国利物浦一号开发区的多层次零售公共区域

B. 西班牙阿尔罕布拉的桃金娘宫 (Patio de los Arrayanes)

C. 巴厘岛寺庙中的沐浴池

D. 巴黎圣母院的集中营殉难者纪念碑 (Mémorial des Martyrs et de la Déportation)

E. 意大利热那亚带有小瀑布的文艺复兴时期的庭院岩穴

F. 英国剑桥, 由后花园看向国王学院 (King's College)

G. 从拉德芳斯区观看穿越巴黎的城市大轴线

H. 日本日光市的大瀑布

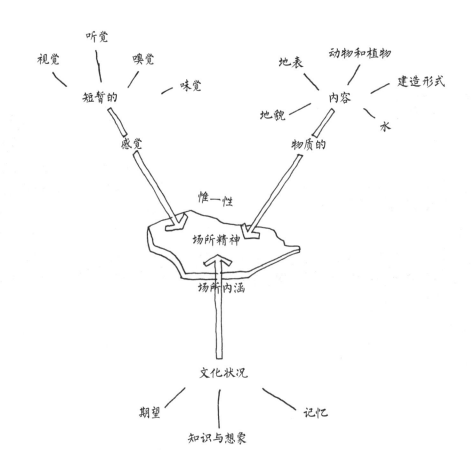

视觉　听觉　嗅觉　味觉　短暂的　感觉　地表　动物和植物　建造形式　内容　地貌　水　物质的　惟一性　场所精神　场所内涵　文化状况　期望　知识与想象　记忆

位于威尔士阿伯德罗（Aberdraw）的南特思姆杜山谷（the valley of Nant Cymdu）中雾气弥漫的高地牧场，此地的场所精神是凯尔特文化、牧羊和拥有这片牧场的裁缝们的记忆，他们在家中制作法兰绒套装，使用的是当地工厂纺织的毛料

为设计而透彻了解场所

    景观设计需遵循一套有序的方法,例如场所调研、分析和设计(常简称为 SAD:survey, analysis and design),然后在通过对调查结果的分析透彻了解场所之后,才能确定设计方案。例如,不要在冲积平原进行建造,不要在陡坡或地基承载力较差的地段进行开发,也不要在具有生物多样性价值的地区进行开发。20 世纪 60 年代伊恩·麦克哈格采用的**叠图分析法**(sieve-mapping technique)是将不同条件的地图加以叠加来明确不同区域的设计可能性,如今的数字设计方式包括地理信息系统(GIS)使这种技术更为方便。叠图分析法既有局限性也有优势,另一种类似的设计方法是环境评价法,此类方法都要求理解场所和开发形式,遵循对称性或非对称性的构图规则。

设计技能

设计技能可概括为:

· 思考
· 解决问题
· 研究
· 设计
· 交流

必要的技能还包括创造一件"产品"的能力,采用的形式可能是:

· 绘图
· 模型
· 可视化和漫游
· 构想

这些可以是模拟的或数字化的,也可是两者的结合。图纸可以是手绘的、机械绘制的(即模拟的)或数字化的。同样,模型可以是真实、三维的物体,也可以是数字化创建的。设计的可视化,既可以像在漫画书中或电影故事板上进行手绘那样,也可以是一次数字化飞行体验。构想则包括通过叙述或线索书写的方式,甚至是通过社区研讨会这种活动来创造事物或事件的精神图像。城 市 设 计 行 动 组(urban design action teams,UDATs)正是这样的一种社区行动,从一开始它就参与进来,为项目出主意。

设计技巧

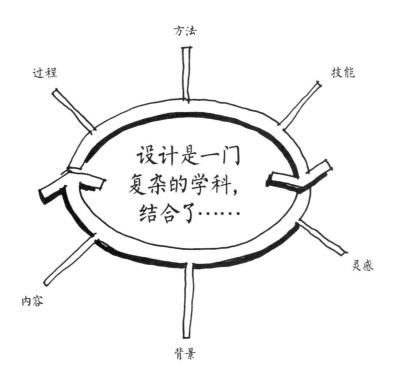

设计方法

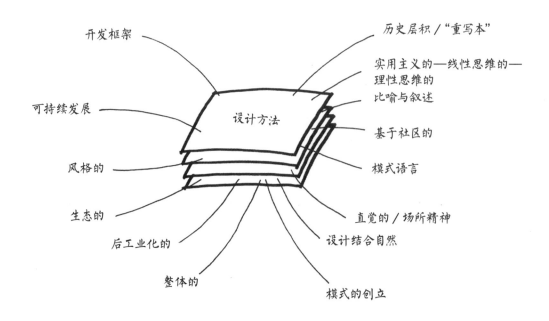

开发框架

历史层积 / "重写本"

可持续发展

实用主义的—线性思维的—
理性思维的
比喻与叙述

设计方法

基于社区的

风格的

模式语言

生态的

直觉的 / 场所精神

后工业化的

设计结合自然

整体的

模式的创立

灵感

灵感的来源极为广泛，它通常产生于我们的丰富生活，也就是我们所生存的社会、所接受的教育以及人文景观等等。居住在人口密集的城市地区，或人口密度高、土地非常稀缺的国家的人们，与居住在农村或人口稀少地区的人们相比，对于环境的态度显然会有所不同。

从国家层面看，生活在农村地区的美国人和俄罗斯人对于景观可能有一个非常广阔的视角，因为在那里随处都有大片的土地，美国的大草原或俄罗斯的森林、苔原似乎会永远存在下去。而在荷兰、丹麦和日本这些空间较局限的国家，人们对于土地则有更多的管理方法，于是呈现出了整洁的、人工的、组织和管理严密的景观。

美国景观设计师劳伦斯·哈普林（Lawrence Halprin）与一位舞蹈家的婚姻对其工作产生了某些影响，他的设计作品使用了能引发一种"城市舞蹈"（urban choreography）的调查方式（包括 UDATs）。英国风景园林师威廉·肯特（William Kent）的景观设计受到了 17 世纪的油画和同时代前往意大利的"大旅行"时尚的影响，这种旅行他进行了两次。杰弗里·杰利科则是受到了 20 世纪早期在精神病学、意识和潜意识思想领域发展的影响，他的一些设计可以被描述为荣格所谓的精神分析性景观（psychoanalysis-made-landscape）。例如杰利科这样描述了设计中潜意识的作用：

"过程是简单的，一开始你以正常的方式准备做一项设计，但你觉得很乏味，你将草图放远一些观察，最好是将它颠倒过来，逐渐地你意识到它暗示出了一个陌生但却让你感觉更友好的形状，在这个朦胧的形状中，你希望识别出某种可能被称之为美的完美形式（下面所举的前 3 个例子为隐藏的动物形、象征性人形和寓意画），然后你调整设计的细节以符合（但这并不能辨别出）内在的抽象理念。如果可能的话，你不用告诉任何人，因为这是从一种潜意识通向另一潜意识的一份讯息，而理智的加入会损害它们。"

后来，杰利科在加拿大圭尔夫大学作演讲时，定义了 5 个他称之为"透明体"（transparencies）的原型，"每个都携带了一种时代经验之印记"：

1. 岩石与水（Rock and Water）："如此的遥远以至于难以觉察"；
2. 森林居民（Forester）："大多数小型家庭花园灵感来自于森林居民的直觉"；
3. 猎人（Hunter）："他们理想主义的透明性引发了许多的英国 18 世纪浪漫主义景观"；
4. 开拓者（Settler）："当发现几何学可作为在农业经济而非游牧经济中界定土地的一种手段时，一个时代开始了……数学是神圣的"；
5. 旅行者（Voyager）："我们自己的时代未完成的透明性，与开拓者相对比可以称之为旅行者。"

这种方法与逻辑决定论的 SAD 方法有很大的不同，但这并不意味着它们不能相互结合。

灵感

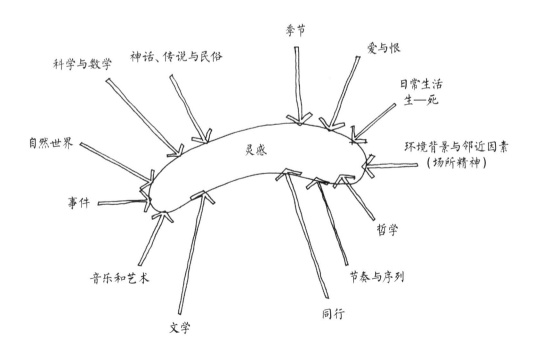

案例研究：塞浦路斯阿佛洛狄忒山

处于森林景观和历史遗产内的旅游胜地

阿佛洛狄忒山度假村是一个面积达 234 公顷的大型综合性高尔夫度假村，位于塞浦路斯的西海岸附近，靠近帕福斯，包含五星级酒店、18 洞高尔夫球场和带有独立泳池的别墅。大型海滩度假胜地通常不会是对环境影响较小的可持续性开发项目，所以此处面临的挑战是要尽量减少对环境的不利影响，特别是对考古遗址和林业。水的供应也是一个问题，因为岛上经常会遭受干旱的威胁。

度假村地块处于塞浦路斯特别漂亮的一部分环境之中，绿树环绕，而且农业很发达，覆盖着马基植被，由 Mammonia 复杂岩层组成的 Argaki Tou Randidiou 峡谷穿越了该地（马基植被是地中海特色植被，多为革质、阔叶常绿灌木或小乔木，如杜松、月桂和桃金娘）。这里不允许任何的开发，该区域被作为一条主要景观轴线保护了起来，由乳香黄连木和胭脂虫栎主导的、以马基植被为特征的卡波萨莉亚（Kapsalia）和达希亚（Dasia）高原因此而得到了维护。

该处的景观由度假村结合规划局和林业部门的要求来管理，内设有步行小道，使人们可以进入该地块及周围的森林。峡谷区的建设采用了传统的塞浦路斯本土风格，桥梁以当地产的石头覆面，度假村道路系统的设计，则注重减少人们对私家车的依赖，鼓励步行、骑自行车和公共交通。

根据当地的气候、生态、地形和考古遗产特征，阿佛洛狄忒被设计成为了一个可持续性旅游胜地。而且阿佛洛狄忒是一个重要的考古遗址，因此其面貌一直被保护得很好。塞浦路斯有积极的林业政策，而且地中海气候在夏季异常炎热，所以树荫很是重要。活跃的水景是自给自足的循环系统，有水泵对水进行过滤和循环，另外还设计了节能型照明系统以减少夜间环境的光污染，同时设计优先考虑了舒适的视觉享受和对夜空的欣赏。这种开发方式，是景观设计师努力克服对旅游业不利的潜在环境因素，将对环境的负面影响最小化，对自然美景的增值至最大化的一个例子。

A. 从东部的高地俯瞰，可以看到出入口的道路将原先的沟壑抬升至村庄的中心

B. 球场的果岭和球道向下延伸至高尔夫俱乐部和度假村中心花园

C&D. 中央峡谷受到保护，不允许有开发

E. 酒店游泳池的小瀑布

F. 鸟瞰图，向北在绿色区域可见高尔夫度假村，以及山顶上的高尔夫球场，酒店位于利马索尔-帕福斯高速公路（the Limassol-Paphos highway）向陆地的一侧，通过高速公路下的一个通道与海滩相连

设计的原则

景观规划的 5 个主要组成部分是：
- 植被：乔木、灌木、树篱和包括草地的草本植物；
- 垂直构造：建筑及其他建造形式，包括桥梁与墙体；
- 水平构造：道路和铺装；
- 水：河流、溪流、池塘、湖泊和海岸线；
- 地貌：山坡、丘陵和山谷（用等高线和高程标记进行描绘）。

场所规划就是为了适应发展，利用以上要素对一块场所加以合理组织，其目的是促进某些形式的人类行为。场所规划创造了一种在空间和时间上包含 5 种主要成分的模式，该模式还会变化和成长，并会受到未来管理方式的制约。有鉴于此，景观设计师所制作的图纸、草案、计划和规范，只是一种以物化的方式来描述和交流复杂设计构思的常规方式。

景观设计是一种未来学——总体规划是关于场所未来理想图像的预测，在实施过程中及实施之后都会有变化。事实上，总体规划是过程而非计划，任何总体规划都会变化和发展。因此，对景观设计的最好比喻（这里又一次提到）是中世纪的"重写本"，也就是一本清除部分内容然后再次书写的手稿。这一点在许多具有悠久历史的公园和花园中很明显，那里中世纪的鱼塘已转变成为湖泊，在成为"风景如画"的形式之前，它们可能曾经淤积和干涸。因此，总体规划最好被视为一种可凭此对场所实施改变的过程，组织结构（可能是道路或服务线路）可以用图表形式绘制出来，在应对环境背景和功能时这些还会有所调整。

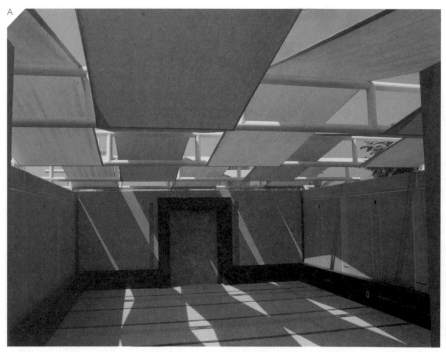

A. 垂直构造: 迪拜扎比尔公园(Zabeel Park)的凉亭

B. 水平构造: 伦敦, 重新铺装过的展览路(Exhibition Road)

C. 水平构造: 鹿特丹剧院广场(Schouwburgplein), 木材和钢铁并置式铺设

D. 水: 巴黎联合国教科文组织(UNESCO), 阶梯式落水和秋叶

E. 植物: 西班牙科尔瓦多, 大量种植的百子莲和耐候钢建筑立面

F. 水: 密斯·凡·德·罗(Mies van der Rohe)的巴塞罗那馆, 倒影池

G. 植物: 巴黎凡尔赛宫, 修剪整齐的夹道树

H. 植物: 巴塞罗那居尔公园(Parc Güell), 种植式屋顶露台

I. 水: 伦敦萨默塞特宫(Somerset House), 互动式喷泉庭院

A. 水：迪拜绿茵小区（The Greens），湖滨开发项目
B. 地形：伦敦银禧公园（Jubilee Park），大范围的草坪
C. 地形：英国圣奥尔本斯，赛图瑞（The Centurion），高尔夫球场地形
D. 植被：伦敦伯德菲尔德公园（Potters Fields）在边界处大量种植的草本植物，由皮耶特·奥多夫（Piet Oudolf）设计
E. 地形：2012 年荷兰芬洛国际园艺博览会内可供游戏的起伏丘地

A

B

C

D

E

层次结构

景观设计中的层次结构涉及对各种元素的安排方式，以便使某些元素相比其他的元素更为突出，比方说，一条城市的主街比一条穿过公园的小路更为重要。层次组织是景观设计的基本内容，对空间的形状和大小加以设计，或者将它们安排在接近入口或交通节点的位置，或放置于一条对称轴线上，这些手段都可以使空间更为有序和突出。用来描述设计的语言可能是明显的几何学用语（网格、轴线、径向、正交、中心），但常用的隐喻也会涉及动物、植物结构（脊柱、头部、手臂、动脉、手指、结节、分支、树干）和服装（腰带、裙子）。

空间可以利用丘地、成排的树木、树篱和墙体来划分，当然最重要的还是用建筑物来限定。城市的许多空间都是由建筑物围合而成的——此时景观设计与城市设计相重叠了。伯纳德·屈米（Bernard Tschumi）在他的获奖设计"巴黎拉维莱特公园"中，使用了线、面和点来限定空间。其中的线是道路，有直线型和曲线型的；屈米使用法语"formes"（意为"形式"）表示面，有三角形和圆形的，由成排的树木围合；而他称为"follies"的点状物，则是以50米间距的网格构筑，提供了一个规则的点的网格，构成了公园的整体骨架。像20世纪60年代之后由菲利普·希克斯（Philip Hicks）设计的位于伦敦的水园这类现代主义运动中的园林景观，花园整体空间一般呈几何式布置，空间由树篱、墙和成排的树界定出来。当空间的规划形式较为简单时，对它们就可能有各种各样的"解读"或者说体验方式。丹·凯利在巴黎拉德芳斯所设计的整体秩序是对称性的，这种对称性是基于从位于城市中心处的杜乐丽花园（the Tuileries）引出的笔直的巴黎城市大轴线，绿色空间位于由两侧的办公建筑楼群围合而成的更大空间之中，提供了人性化的环境尺度。与之相比，在水园中，菲利普·希克斯非轴向地组织了水池周围的空间，使它们从上部的公寓看来成为一个整体，希克斯的这种不对称式构成是现代主义运动的特征。

A. 元素的层级: 屈米设计的巴黎拉维莱特公园规划之鸟瞰图

B. 植被: 丹·凯利在巴黎拉德芳斯设计的简单、方格网平面的树木种植形式

C. 元素的层级: 伦敦水园建于1961-1966年，是由菲利普·希克斯所做的一个现代主义设计，它是位于一块地下停车场之上的屋顶花园，空间呈正交式（在平面上成90度）和不对称布置

D. 元素的层级: 巴黎城市大轴线，一条穿越城市的强有力的视觉轴线

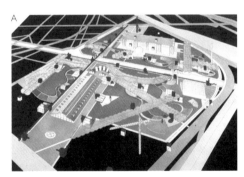

围绕一个中心轴对称地建造花园或公园原本是意大利文艺复兴式园林设计的特征，但后来这种形式则属于工艺美术运动的特征。这样的空间几乎可以被认为是室外的房间，特别是 20 世纪初在东苏塞克斯（East Sussex）的大迪克斯特豪宅（Great Dixter）和肯特的西辛赫斯特（Sissinghurst）兴建的私家园林，它们的公共价值相当于托马斯·莫森所设计的市政公园。

第二次世界大战后的荷兰圩田规模则要大得多，它们是在规整空间的基础上组织的，因而重点是所产生的空间的大小。较小的、旧的荷兰圩田只提供有限的景色，并进一步被路边植树（为旅行者提供避风区）所限制；与之相比，后来 20 世纪大得多的圩田景观则开放了视野，创造了一种更为广阔的景观感觉，与加拿大的大草原很接近，并有一些

制高点可被视为定位地标，如教堂的高塔和发电厂的烟囱。20 世纪 50 至 70 年代的再开发项目多为由工程师主导的高速公路，这些项目导致了令人愉悦、对行人友好的城市空间的丧失。城镇里增长的汽车流量逐渐将封闭性建筑所具有的连续性变得碎片化，道路被拓宽，立交桥穿过街道。于是，现在许多城市空间失去了限定，城市中心变为以停车场和内环路为主。更有甚者，建筑基地的尺寸趋向于变得更大，于是限制了使用的灵活性并促使临街面风格单一，街道环境因此变得无趣。也许这种城市生活的丧失或反城市主义的极端表达形式，集中体现在了英格兰南部的密尔顿凯因斯镇（参见 148 - 149 页），它是基于汽车而规划的，这里的每幢住房或商业开发的方格网都由种植着树木的丘地环绕着隐藏了起来（密尔顿凯因斯镇被规划在 1 千米宽的疏松路网组织内）。像靠

近布里斯托尔的西阿兹台克（Aztec West）这样的商务园区，则试图通过在主要道路边使用类似的种植着树木的丘地来削弱它们的城市特征，以便给人们某种绿色空间的印象。

20 世纪 80 年代，推崇新城市主义的从业人员使用图底关系图来分析城市形态，该图以黑色来显示建筑形式，从而将位于它们之间的白色空间强调了出来。新城市主义试图通过增加住区的密度和重新创造封闭的、对行人友好的空间来扭转城市特征的消失。为了将城市重建为一个可以行走和工作的愉快场所，工作的重心又转回到了城市设计师们身上，如哥本哈根的扬·盖尔（Jan Gehl），他曾在 20 世纪 60 年代的斯德哥尔摩致力于主要商业街道的步行化建设。

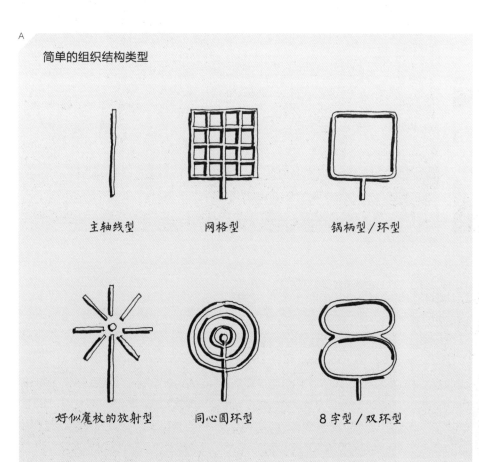

A

简单的组织结构类型

主轴线型　　　网格型　　　锅柄型 / 环型

好似魔杖的放射型　　同心圆环型　　8 字型 / 双环型

B

C

A. 6 种典型的总体规划组织结构

B&C. 英国肯特的西辛赫斯特，以修剪的常绿树篱限定的花园空间

D. 英国锡尔，阿灵顿商务园区（Arlington Business Park）内由水体主导的公共空间

E. 密尔顿凯因斯的主要干道"绿树之城"（city of trees）已经成为一种盲目的反城市主义。图为一个人口超过20万的城镇中心

F. 英国锡尔的阿灵顿商务园区，入口处的湖提供了一个较好的商业环境

G. 靠近英国布里斯托尔的西阿兹台克商务园区早期开发时的景色，显示了环型道路的规划组织结构

人体尺度

景观是被人类感知到的土地，其尺度可以较为宜人，也可以大到对观察者造成压迫感，从而产生一种伟大或崇高的感觉。

"人体尺度"一词与人的感知有关，因此也涉及时间。当人类平均寿命约为 70 岁时，代与代的间隔也许短至 15 年。该词同时也涉及人类注意力的持续时间，这可能是几分钟到几小时；另外它还涉及温度，涉及对声音的耐受性（对人来说，任何超过 50 分贝的声音都很明显，130 分贝等于飞机起飞时的噪声水平，已接近人的痛阈值，但农村的安静也可能会反常地使城镇居民感到不安）。

景观设计是否符合人体尺度，与步阶的高度和间距、斜坡、围墙、路宽，以及人们平均的步行距离和可达性都有关，不过，平均值会随年龄（儿童公园可缩小尺寸）和营养状况而发生变化。

迪士尼乐园中主街的建筑设计使用了舞台式布景设计和强行透视法，以使人们对高度留下印象。主街建筑的第一层采用了 3/4 的比例，然后第二层采用了 5/8 的比例，第三层则是 1/2 的比例，这就给人们提供了一种像置身于玩具城似的友好感觉，让人一眼就能看到全部的建筑。正如华特·迪士尼所说："不，它不能（只是它原本的样子）……它须是它应该的样子。"

人体尺度在景观与城市设计中可能被颠覆：

· 对纪念性尤其是政治效应的追求：建筑、空间和纪念碑可能会以一种带有英雄主义色彩的惊人尺度构造。

· 对功能效应的追求：许多 20 世纪的城市规划师和建筑师，这其中当然包括一些现代主义者，他们为了更纯粹而清晰地表现出建筑与空间的形式，没有对人体尺度"妥协"。例如，I.M.Pei.& Partners 事务所设计的位于波士顿的汉考克大厦（Hancock Tower），就将 Sasaki, Dawson and De-May 联合事务所于 1969 年设计的考泼利广场（Copley Square）的阳光挡住了。

· 对汽车使用的回应：建筑面向高速公路建设的时候，倾向于简化的形状并更为平滑。人的眼睛可以在每秒内摄入 3 个对象，一个过路人稳步走过 30 米长的建筑正立面，可以察觉到大约 60 到 70 个特征，而当一位司机以每小时 45 千米的速度驾驶通过时，则只能注意到 6 到 7 个特征。因此，面对不断增加的汽车使用量，街道变得越来越宽，城市形态失去了它的复杂性，标志物也越来越大，步行者感觉自己更为暴露（表面上是更多地暴露于风和向下的气流中）。在过去的 60 年，城市已经变得对行人越来越不友好，看起来就像是人们在故意地设计一个糟糕的环境。

空间的尺度通常会阐述空间的性质。

A. 伦敦市政厅的 The Scoop 露天剧场，作为演出场所，由 Fosters 事务所设计

B. 伦敦的 2012 年蛇形画廊（The Serpentine Pavilion 2012），下陷的座位空间

C. 巴黎拉德芳斯区，大凯旋门（La Grande Arche）

D. 迪拜的哈里发塔（The Burj Khalifa，又称迪拜塔），高 829.84 米的塔在园区占据空间支配地位

E. 巴黎，集中营殉难者纪念碑

F. 伦敦，2012 年蛇形画廊

D

E

F

直线和曲线

在景观中创造线性关系可以通过两个面的并置来形成，如草地之边缘，或通过较长的线性特征来形成，如运河或道路。景观设计师经常通过在平面上画线（与制作模型或创建一系列的故事板不同），或借助于强调这种线性趋势的矢量辅助的计算机图形（由线条连接成的点组成）来进行设计。事实是，没有对第三维度的充分领会就做出三维的和二维的方案会导致扁平化设计：立体看起来显得动人的设计形式在地面上也许达不到预期效果。

直线是直接的、强有力的和正式的，不论是对称还是不对称排列，它们都将人的视线引导至终点，这个终点也许由一个垂直式末端来加以强调。对角线是斜跨于一种正交布局上的直线，巴黎雪铁龙公园就采用了这种形式。它们也可以组织成一种呈60/30度角的平面布置图，就像在许多20世纪中期的公园中所出现的那样，如20世纪70年代所设计的巴黎西北部的赛尔吉-邦托瓦斯公园（Parc de Cergy-Pontoise）。如今直线往往被视为更为生硬和人工的，因此，也成为了一种"非自然的"景观元素。对于这一点，文艺复兴时期的景观园艺师们如勒·诺特（Le Nôtre）等应该不会认可，他们将自己所设计的布置整齐的线性公园视为对自然的一种理想表现形式。

相比之下，曲线易被视为是随意、轻松

和自然的。蛇形线的使用开始于18世纪早期的英国风景园中，一般认为这是由于受到了中国园林的启发。到了18世纪中期，蛇形线在"如画风格"景观园中成为了标准设计手法，18世纪的画家威廉·贺加斯（William Hogarth）称它为"美的线条"。

在19世纪中叶，约翰·拉斯金（John Ruskin）声称"所有的曲线都比直线更美丽"，曲线被越来越多地应用于景观和公园的设计中，城市设计同样受到了影响，例如，约翰·纳什（John Nash）为伦敦摄政街（Regent Street）所设计的曲线，它转过去会与波特兰广场（Portland Place）相遇于由诸圣堂（All Souls Church）垂直尖塔所标示出的点，或与约翰·多布森（John Dobson）所设计的"灰街"（Grey Street）突出的下行曲线相遇于泰恩河畔的纽卡斯尔（Newcastle）。这些设计手法为路线添加了一种探索的神秘感。汉弗莱·雷普顿在他的公园设计中也很好地运用了这种效果，他会采用弯曲式的路径使游客一开始就能瞥见房子一隅，通常是越过一片湖面，在转入林地之前，或在丘地和树丛之后，而只有当人们走得更近时，房屋才能再次被看到并显得更完整。19世纪的后半叶，伴随着由雷金纳德·布洛姆菲尔德（Reginald Blomfield）提出的"规整式花园"（formal garden）的主张，出现了对弯道和曲线的否定，继而在20世

纪20年代出现了埃德温·勒琴斯（Edwin Lutyens）在新德里的皇族风范式设计和阿尔伯特·斯佩尔（Albert Speer）为柏林提出的东一西轴线（East-West Axis）的带有炫耀胜利性质的设计，该轴线计划以完美的直线型延伸至50千米长。

而到了20世纪中叶，与先前的设计风格相悖，开始出现通过对人类形体（生物形态的线形）的模仿而得到的线形形式，托马斯·丘奇（Thomas Church）在第二次世界大战后设计的加利福尼亚园林，如在索诺玛郡(Sonoma County)的唐奈花园(Donnell Garden)就与众不同地使用了这样的曲线，通常还辅以同样的曲线型雕塑。

在中世纪大教堂的尖顶分外引人注目的地方，人们会不自觉地直直地抬头向天空或者说天堂看去。不论是一座教堂还是一座摩天大楼，这种垂直性都能为城镇提供一个地标，或者为公园提供一个视线焦点，就像斯托花园（Stowe Gardens）内的格伦维尔号船长纪念柱（Captain Grenville's Column）那样。密植的树就像游行中的士兵一样排列着，同样可以使一个"如画风格"布局具有特色或强调出一条大街的感觉。

水平线可以给人一种广阔、休息或静止的感觉，它们能整合空间，可以由矮台阶、墙壁、人行道、台地和宽广的草坪形成，许多荷兰的景观设计，例如20世纪70年代的东弗莱福兰就是这样强调水平线的。

A

B

C

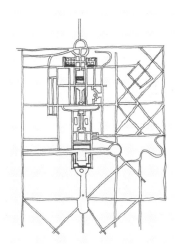

A. 2012 年荷兰芬洛国际园艺博览会，圆形剧场的流线型座位

B. 葡萄牙波尔图，相互交错的大理石铺装

C. 日本京都，一个寺庙入口处控制较好的优雅线型

D. 巴黎雪铁龙公园，规整的倒影池

E. 伦敦展览路，网格和线条形式的地面铺装

F. 伦敦银禧花园（Jubilee Gardens），蜿蜒的花岗岩边缘

G. 英国牛津郡，罗夏姆园（Rousham）内蜿蜒的小溪

H. 2012 年荷兰芬洛国际园艺博览会，被行道树种植所强化的随意的碎石路

I. 法国法兰西岛，由安德烈·勒·诺特设计的沃勒维孔特城堡（Vaux-le-Vicomte），有笔直的轴线和林间格子图案小路

J. 巴黎雪铁龙公园，由一条对角线来加以切割的直线、正交型（直角）设计

A

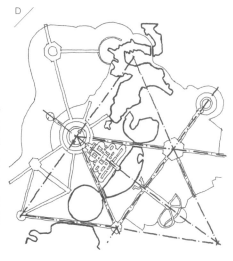

统一、和谐和对称性：

在景观设计中，取得和谐效果的方法是协调和简洁，这可能涉及最大限度地减少材料的使用数量，避免杂乱、集结的植物，并运用强烈的效果，比如水体、林木线和铺设的道路这些很简单的元素。

对称性涉及对等值物体的布置，等值可能是大小、高度或形式，物体应分布在中心点、轴线或面的两侧。对称表示平衡和秩序，因此对某些环境来说，这是一种神圣的原则。

生物对称性在多细胞生物中很常见，一般为双侧对称性，其中的身体部分沿中心垂直轴在一个平面上重复，像一个镜像图案或蝴蝶翅膀的模式。对称性也可以是径向或旋转式的，就像花朵一样，或像树枝上树叶的排列一样。然而，在自然界中，这种对称性极少是完美的。

左右对称形式在景观设计中很常见，比如以一条大街或者轴线为对称轴，但平衡也可以通过水平的重复得到，如在倒影池中，或像在法国南部的加德桥（Pont du Gard）那样的垂直结构中，拱门叠加层被重复。像花朵那样的旋转式对称出现在布杂艺术风格（Beaux-Arts-type）的环形规划中，就像 W.B. 格里芬（W.B.Griffin）1913 年为堪培拉所做的规划那样。

对称也可以被应用到几何图案的制作中，就像阿拉伯瓷砖或铺装图案那样，设计师可以像 C.Th. 索伦森（C. Th. Sørensen）的

作品中所显示的那样（图 C），使用这种几何重复方式来构造景观，并发现在数论中以及在螺旋和双螺旋中的对称性。力学、量子力学、粒子物理学的标准模型以及相对论和宇宙学中发现的对称可以被应用到景观设计中，查尔斯·詹克斯（Charles Jencks）在苏格兰靠近邓弗里斯的地方所设计的宇宙思考花园（Garden of Cosmic Speculation）就对此有所运用。

在一个更基本的层面上，使用方形、六角形和等边三角形的图案既可被应用于景观设计的细节，也可被应用于更大的层面。

不对称是对称的缺失，指各部分之间缺乏平等性。在 20 世纪 30 年代及 40 年代，詹姆斯·C.罗斯、盖瑞特·埃克博、托马斯·丘奇和丹·凯利用正交不对称使他们的作品具有现代主义风格，也是对占据主流地位的对称式布杂风格的一种反抗。后来，凯利的设计又趋于绝对对称和使用规整几何形。就一个花园而言，要旨是平面的墙体、内部和外部间的相互作用，以及在水平面上的强调（平屋顶和矩形的水池），范围更宽些，则是景观尺度、空间互通、平面元素的重叠等内容。

A. 西班牙科尔多瓦大清真寺，定向铺设的卵石马赛克

B. 英国沃里克郡，风景如画般和谐的 Compton Verney 画廊

C. 丹麦西日德兰半岛的海宁市（Herning），1983 年由景观设计师 C.Th. 索伦森设计的几何园（The Geometric Gardens）

D. 由 W.B. 格里芬于 1913 年设计的呈旋转对称形的堪培拉城市总体规划，由三角形连接环形或者说圆点状分布于山地之间，该规划后又以构建于 1964 年的格里芬湖的水轴来加以总体上的平衡

A

B

C

D

色彩、形式和肌理：

景观设计涉及对色彩、肌理和形式的处理，一般是利用线型、体块和形状来描述或限定以创造出空间。与建筑相同，但与电影或剧场舞台的设计不同，受众（使用者）是在移动通过时体验景观设计。不过，与建筑不同的是，景观设计的构成内容变了，因为它们包含了活的生物形式，这种动态性使景观设计具有了有生命的墙体和可移动的屋顶，因此远比一个静态的建筑更为精彩。

色彩主要有 3 个特征：亮度、饱和度和色相。色相是指红色、绿色、黄色或蓝色等颜色的特性；饱和度是指颜色中白色或灰色的强度；颜色的亮度是颜色的发光性或反射率，因此像英式风景园在春日里的那种强烈的绿色景观会显得明亮，而一个灰色的城市广场就显得了无生气，尤其当它空空无人的时候。砖砌建筑则会是柔和的红色和橙色。在 21 世纪初，使用路易斯·巴拉甘式（Luis Barragán-style）的鲜明粉色、红色、黄色平面作为园林或景观设计的风格标记正日益流行。

形式是一个物体的三维性和形状。它可能是规则的、精确的和人工的，也可能是有机和自然的形式（生物形态的）。自然形式可以通过裁剪或繁殖来加以控制和确定，所以像常见的那种顶部乱蓬蓬的树就可以通过无性繁殖来培养。

肌理涉及触觉和视觉两方面的特质。路面可以粗糙或光滑，一定的粗糙度可以防止表面太滑，种植形式也同样可以是粗糙的或光滑的。

修剪的树篱证明了景观与建筑之间的差异，一个正规的修剪树篱，如法式花坛，可能被认为是受限定的和不变的，但即使是在这种控制严格和极具建筑形式的园林设计中，也依然有不断的变化，比如篱笆经过季节的生长，会变得更为自然和结构松散，其颜色也会发生变化，另外，它们还会变成昆虫和鸟类的栖息地，同时也为老鼠提供掩护。所以，虽然它们可以用来创建一个无顶的"房间"或宫殿，但其结果与一个建筑构造相比还是差别较大。

肌理根据植物种类的不同有很大变化，从细长叶子的夹竹桃、锋利多刺的冬青，到褶边叶子的红桧，这些有生命的植被都可以沿着构建的墙体、铺设的道路和水池边沿种植，道路可以有各种铺砌图案，水池可以反射影像，设计师具有无穷的可能性去创造这些效果。

A. 日本京都：日本园林常包含有一种由各要素组成的简洁和谐感
B. 巴黎罗丹博物馆（Rodin Museum）：不对称重复的修剪成型的紫杉
C. 巴黎大西洋花园（Jardin Atlantique）的现浇混凝土道路：复杂的和谐往往包含许多元素
D. 巴黎狄德罗公园修剪成箱型的树篱：形态转化
E. 巴黎狄德罗公园：不同肌理的组合
F. 日本京都大德寺大仙院（Daisen-in Temple）：材质肌理的对比
G. 英国肯特哈德德劳大学的迈赫迪花园：颜色与叶片肌理的组合

物体的基本设计准则

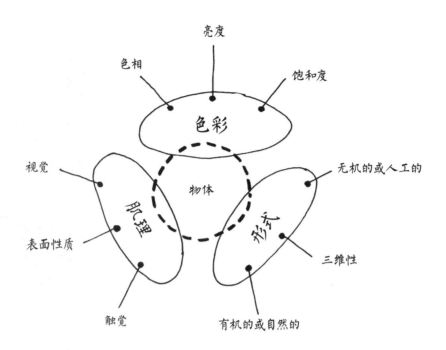

树篱设计可能受到的影响

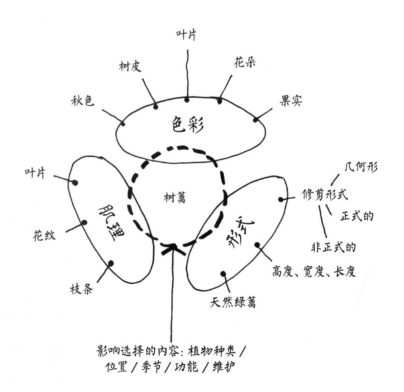

了解材料的属性及基本的设计选择标准, 便能够确定设计应用的基本原理。将其应用于树篱时, 树种的选择就会受到影响。

A. 巴黎雪铁龙公园: 修剪过的山毛榉树块显示着秋色

B. 巴黎雪铁龙公园: 秋色用于加强直线边缘

C. 葡萄牙法鲁: 有序的复杂大理石块路面铺砌

D. 日本园林将颜色的变化作为景观焦点

E. 2012 荷兰芬洛世界园艺博览会: 探索纹理和形式的暖色草本种植

F. 具有竹片纹理形式的现浇混凝土

案例研究：丹麦罗斯基勒的海德兰德露天剧场

一处后工业景观

在丹麦的主岛西兰岛上，罗斯基勒的东部，是一块面积达 1500 公顷的砾石和黏土开采场地，这里有一家始建于 1897 年的砖厂，后来又增加了碎石加工的业务，最终结果是将该地夸张地雕琢成了如月球表面般的景观，一系列的圆丘、小山和湖泊与周围广阔、起伏、肥沃的田野形成了对比。

I/S Hedeland 公司成立于 1978 年，是负责重建这一后工业景观的主体，它监督土地的收购、规划、建设以及管理。场地上的砾石开采依然在继续，不过现在它与大量的游憩开发相互交织在一起，这些游憩内容将为哥本哈根南部和西部区域提供服务。

得益于 I/S Hedeland 的干预，这个具有类似月球景观的极端环境现在已经有部分转换为一个 18 洞高尔夫球场的修剪平整的草地，有部分则转换为林地和自然景观，这里沿着窄轨旅游铁道线已形成了一个骑马专用道、步行道和自行车道相互交织的网络。I/S Hedeland 还培植了一个葡萄园，开发了满是野花的草地、汽车中心、植物园、周末休闲花园和童子军营地。

因为表层土已丧失，因此就有可能在底土和砾石材料上创建一种极具多样性的、物种丰富的林地、灌木丛和草地的混合体，树木的种植最终会以橡木（栎属）和桤木（桤木属）为主，不使用除草剂和肥料。

从砾石工场中间升起的是一个由 Lea Nørgaard & Vibeke Holscher 事务所设计的滑雪山坡，以及一个由 I/S Hedeland 的主管埃里克·居尔（Erik Juhl）构想的很壮观的由明亮绿草阶地组成的露天剧场，强烈的绿色及规整的地形与成堆松散的分类碎石形成了对比。这一新的露天剧场有一块由红色和白色相间的预制混凝土铺设的圆形表演场地，一条白色碎石带限定了场地，将该区域从位于其后的砾石工场中凸显出来。这个露天剧场可容纳 3500 名观众，演出内容包括流行音乐、古典音乐和芭蕾舞。高 1 米、呈 45 度倾斜的覆草阶地在红白色相间的圆形场地之上，以一种巨大的弧形上升达 20 米高，阶地顶端有一个丘地，此处以草皮和木材建成门房，用来控制观众出入。远处位于轴线上的是厕所，也以草皮覆盖其墙体和屋顶，它的两边则是环形的碎石区，设为造价低廉的停车场，以覆草皮的丘地和帚状树木加以掩蔽。

表演场地的弧线由呈现放射状、以木料为边缘的步阶标示出来，步阶一直向上升至望楼，这些放射线强调了设计的对称性。这是一个使用工业材料制作的简单精巧又经济的设计（总费用为 27 万英镑），它很好地利用了环境而非排斥它们。

A. 海德兰德露天剧场，从绿草阶地看出去的景色，其下部还有一个在运营着的采砾场。现在它已经关闭，背景变成了一个湖
B. 阶地的顶端有售票处，以草皮覆盖屋顶
C. 露天剧场设置于一种荒野景观中，以砾石开采工场为标记
D. 粗砾石停车场，前景为厕所，远处为表演场地，虽然海德兰德歌剧院（Opera Hedeland）夏天会来此演出，但这里并不是一个演员化妆的地方

人的流动和自然的变化

正如本书前文所述，景观设计并非只是纯粹或主要涉及一种简单、固化的"设计产品"，它涉及的元素远超过一般的建筑、汽车或产品设计。景观设计经过长时间的变化和发展之后，会成为更广泛系统的一部分，在植物不断生长、开花和死亡的一座花园或一片森林中，这一变化过程非常明显，而且这种变化不可避免地具有不确定性。没有任何场所是孤立的，景观不断地发展和变化，而且会随着观察者的移动而变化，就像移动的空间序列。景观联系着人类社会和自然界，它是由自然、生物、地质、机械和化学过程以及人类的影响共同支配着的。

景观设计是为了创造出可供人们以多种方式使用的空间，比如散步、慢跑和骑自行车，同样还包括小坐休憩、游戏、晒太阳，以及观察他人。一条花园的小路可以是狭窄的——30 厘米宽的路就足以容纳一名步行者，与之相比，一条城市的步行道则应该宽阔许多，以便提供足够的空间让人们可以停留、聊天和浏览橱窗，公园中的道路还可以更宽些。

社会活动发生在人们彼此遇见时，它可能是彼此间的问候和谈话，也可能是儿童间的游戏，可能是像太极拳或棒球这样的大众活动，或者是骑自行车、购物、工作或从报摊买份报纸。而作为一个场所制造者，他的任务就是创造此类活动能够发生的空间。所有这些社会活动都需要空间，街道作为运输线路的同时，也是剧场一样的地方，成功设计行人流动空间的关键在于避免不必要的水平变化以及由障碍制造的混乱。扬·盖尔曾经宣称道："排在第一位的是生命，其次是空间，然后才是建筑，其他的任何排序肯定都是行不通的。"

土地的运动

万物皆处于变化之中。整个英格兰东南部正在随着冰川的后退而下沉，再往北，在冰川实际所处的位置，土地由于同样的原因正在上升着。在渐趋干燥的泥炭地，由于泥炭的氧化作用陆地在下沉，干燥的夏季里，收缩的黏土会开裂和下陷。在地震多发区和冷冻苔原景观带，都可以看到水平面的突然变化。这一切所带来的就是几乎所有的土地都会作某种程度的移动，而做景观设计必须对此有所认识，特别是在铺装施工时更需要对此加以关注。有一种解决方法是做刚性结构，但这就需要在铺路板下铺设混凝土底座，或使用水泥砂浆砌筑砖墙，但这些做法降低了结构的灵活性，使它更易于遭受到地面移动的压力。与此类似的是，树根会干扰和挤裂墙体和建筑，并导致道路铺装抬升。还有一种对策是在沙地上或碎砖垫层上使用柔性铺装，这种方式允许水平上的微小变化，可以承受可能发生的移动，铺装也容易修补。

随着季节和一天中不同时段的变化，场所的特质和尺度也发生着变化。

A. 清晨时分，伦敦特拉法尔加广场（Trafalgar Square）的步阶
B. 傍晚时分，特拉法尔加广场的步阶被用做了一个会面和休息的地方
C. 巴黎的冬天，凡尔赛宫一条林荫道的季节性变化
D. 巴黎的夏天，凡尔赛宫一条林荫道的季节性变化
E. 清晨，伦敦特拉法尔加广场环境的时段性变化
F. 下午，伦敦特拉法尔加广场环境的时段性变化
G. 夏末，巴黎圣母院附近若望二十三世广场（Square Jean XXIII）的景观
H. 清晨，伦敦南岸中心的时段性变化
I. 下午，伦敦南岸中心的时段性变化
J. 秋季，巴黎圣母院附近若望二十三世广场的景观

A

B

案例研究：挪威奥达的市场和海滨

为社区空间所做的景观设计

　　奥达是位于极长的哈当厄尔峡湾（Hardanger Fjord）端头、卑尔根东南部的一个工业小镇，约有 7500 名居民，它以生产化肥和锌而闻名。镇议会希望振兴小镇的滨水环境，希望景观设计能在提供一个市场的同时连接起小镇的东部和西部。

　　虽然它不是一个特别漂亮的小镇，但哈当厄尔高原（Hardangervidda）山脉环绕峡湾，景色很是动人。在春季，海岸边的果树纷纷开花，以福尔格冰川（Folgefonna Glacier）为背景，景色令人动心。这些美景在 Bjørbekk & Lindheim 事务所为一个海滨市场所做的竞赛获奖设计方案中被充分发掘了出来。

　　通过项目景观设计师符文·维克（Rune Vik）设计的细致化的灰色花岗岩砌石工程，Bjørbekk & Lindheim 事务所重点强调了市场的硬质景观特点。植物种植限于树篱状山毛榉和成行的桤木，它们形成了一个防风林。主广场位于水边一角，在两个现有的建筑之间，它铺设了带浅色条纹的花岗岩，一条泉水流淌的水渠穿过广场，水渠穿过步阶通往峡湾，3 根桅杆状的高杆是景色的收尾。场所东边的水边有一条橡木板路，两旁的长凳由木墙围护着，长凳也是橡木材质的，坐在这里，人们可以欣赏夕阳美景。这是一个经典的城市更新方案，景观设计起了催化剂的作用，为一个经济上面临挑战的小镇提供了一个引人注目的中心。

A. Bjørbekk & Lindheim 事务所设计的奥达市场（Odda Marketplace）：该计划既简单又简约，使用了不同色调的花岗岩带，细节设计对艺术效果至关重要。市场就像是一个将人物设置为动画的舞台，光和色彩被引入到前景之中

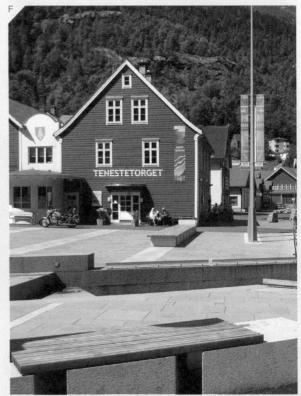

B. 由市场向哈当厄贝峡湾眺望，峡湾在场景的后方，以群山为背景

C. 极具细节的花岗岩砌石工程

D. 带长椅的木板路，背靠能采集阳光的防风林

E. 奥达滨水区包含一个位于镇中心的市场，它由花岗岩铺设，有一条木板路，
这些共同构成了一处简单且效果不错的场所

F. 码头市场，这里以前是一个停车场

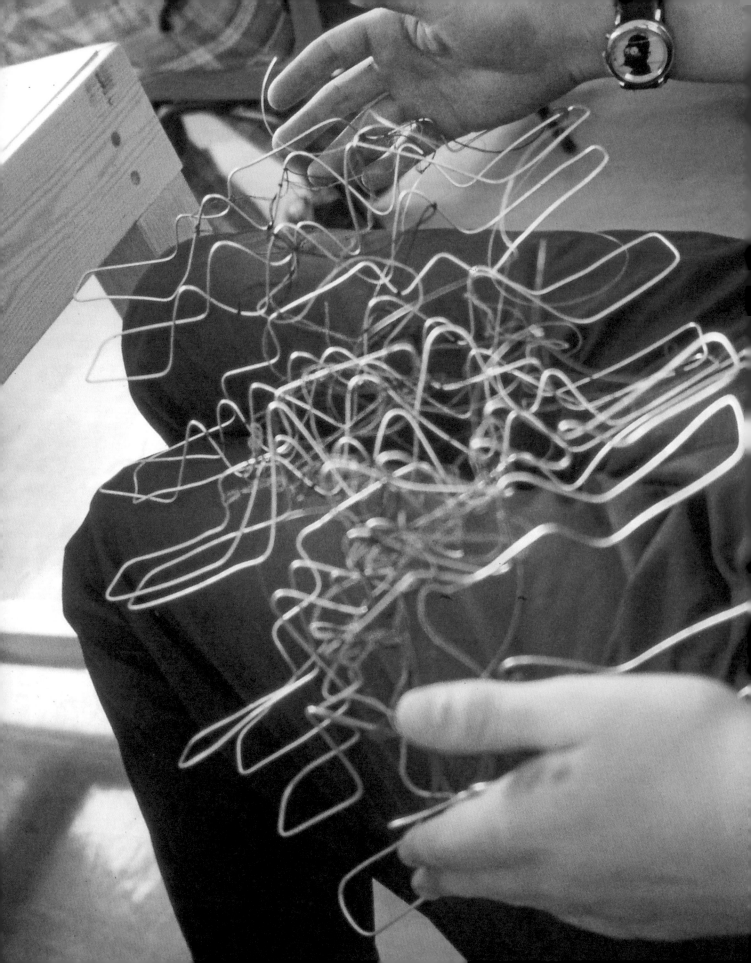

第 4 章
景观设计表现

以简单弯曲的钢丝制成"线性经验"模型,记录穿越
伦敦金融城的一段旅程

设计工作的表现方式对其进展及能否被客户接受影响极大，例如，好的绘图技术能帮助你更有效地向他人传达自己的观点。本章我们将介绍能够帮助景观设计师表现设计的一些手工作业和计算机技术，同时也将介绍一下数字数据处理如建筑信息模型（BIM）和地理信息系统（GIS），以及制图。最后，我们会浅谈报告的撰写，因为景观设计也包含很多案头研究工作。

绘图和速写本

绘图在景观设计工作中是一项基本技能，它能够使你检验自己的想法、记录思路和观察结果，并继而发展它们，速写则迫使你多多观察从而加深理解。照片是一种与它们非常不同的记录形式，它可以是转瞬间的一个简单印象，不需要涉及分析（尽管对于记录而言摄影无疑也是至关重要的）。另一方面，如果你花费四五个小时画一棵苹果树，你就能深入地理解它的结构和特性。对学生和设计师而言，每天都画画速写——无论是为了长期研究还是为了进行快速视觉记录——都是一个极其重要的训练。

速写本可以由一个博客和（或）数字速写本来加以补充，这样的话，它就成为了一种视觉日记。克里斯托弗·洛伊德（Christopher Lloyd）是 20 世纪杰出的花卉栽培者之一，他在杂志上发表记录自己思想的文章超过 40 年，这种实践丰富和发展了他的种植设计。博客是老式日记的一种现代版本。

速写本的作用至关重要，因为：
· 每日进行速写能够提升专业能力，它迫使你看得更多，速写作为一种灵感可以鼓励你发展设计思路；
· 它按时间顺序排列的形式鼓励个人的发展，并给予你一种很好的职业方向感；
· 它能使你试验和考虑替代方案；
· 它帮助你澄清思路，帮助你与团队中其他设计师交流沟通；
· 它可作为一个设计思想的宝库，虽不一定立即适用，但在未来可能会为其他项目带来灵感；
· 速写补充了（也可能是包括了）写作的内容。速写本可以被用于记录新植物名称、其所在地及关键词；
· 最初的草图想法可以经常被用于正式的展示中，因为快速绘就的草图可以简单而强有力地传达出设计理念。

速写本可被用于技术上的试验、设计理念的决断以及
直接观察的记录

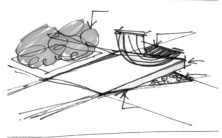

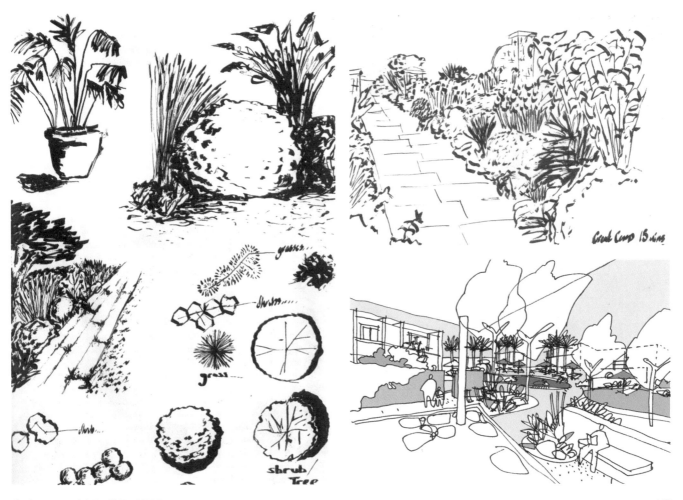

速写本上的试验可以包括摄影、拼贴、覆盖技术以及水彩
渲染

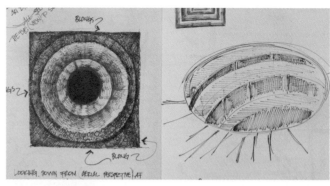

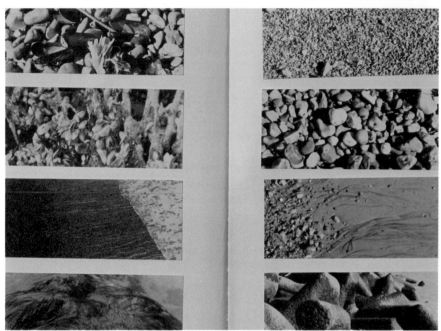

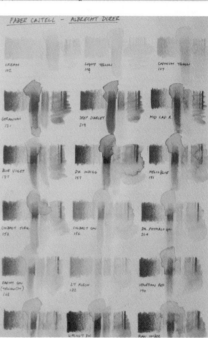

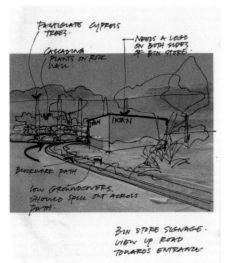

FASTIGIATE CYPRESS TREES.

CASCADING PLANTS ON REAR WALL.

NEEDS A LOGO ON BOTH SIDES OF BIN STORE.

BLOCKWORK PATH

LOW GROUNDCOVERS. SHOULD SPELL OUT ACROSS PATH.

BIN STORE SIGNAGE. VIEW UP ROAD TOWARDS ENTRANCE

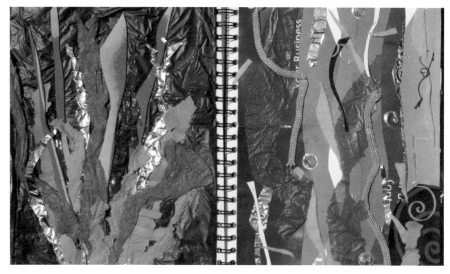

KNAPPED FLINT - CONTEXTURAL OF AREA.

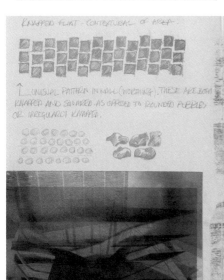

UNUSUAL PATTERN IN WALL (WORTHING). THESE ARE BOTH KNAPPED AND SQUARED AS OPPOSED TO ROUNDED PEBBLES OR IRREGULARLY KNAPPED.

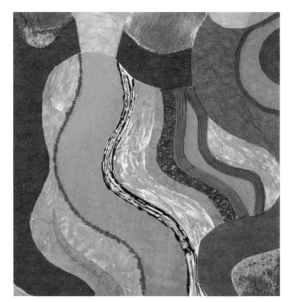

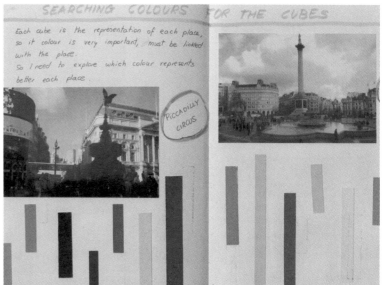

SEARCHING COLOURS FOR THE CUBES

Each cube is the representation of each place, so it colour is very important, must be linked with the place.
So I need to explore which colour represents better each place.

PICCADILLY CIRCUS

案例研究：伦敦一所学校的庭院

为小学生设计的景观

A
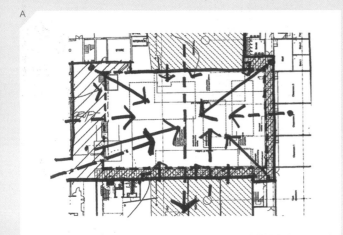

A. 庭院设计的空间组织从看向庭院的视觉序列，以及穿过建筑的途径开始
B. 方位、阳光和阴影是任何封闭空间设计的基础。这幅草图区分出了朝南向阳的一面和主要在阴凉处的其他区域
C. 设计源于对场所的分析，这里设计师提出了"海洋中的岛屿"或"云中的山顶"作为设计方案的隐喻，方案中有一个非正式、不对称的从地平面冒出的种植"岛屿"的设计，地面做了环行铺装。隐喻和寓言可以被作为表达设计的有效方法
D. 此图依据阴影、纵向关联、生境类型的范围和季节变化对种植予以说明和解释
E. 最后总结了设计的意图，介绍了人流动线、从餐厅向外看的视野、互动的想法和相对隔绝的安静场所等内容

B
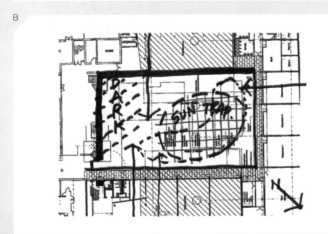

C
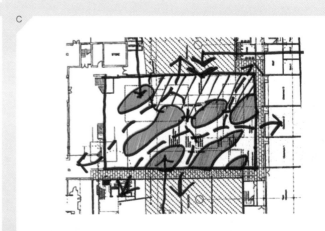

D
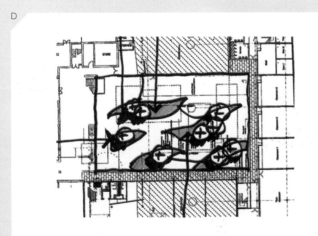

E
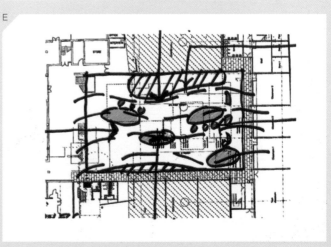

F-H. 庭院是一个简单、具有很强空间界定感、内向的封闭空间（周围为建筑物）。它
主要是与上方的天空和建筑内的房间相联系，而非与外面的世界

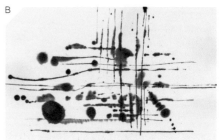

A. 快速墨水笔的速写技法
B. 在柔软纸张上使用湿墨的效果
C. 圆珠笔速写
D. 使用了丙烯的混合画法透视图
E. 使用了传统钢笔画法的交叉影线

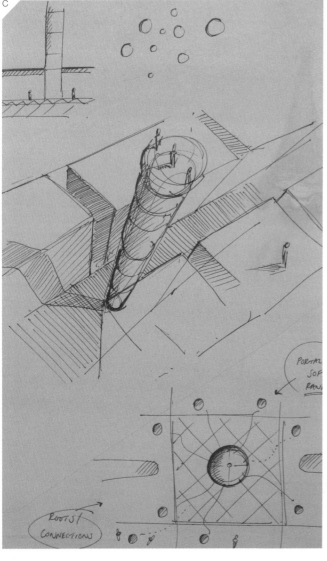

三维建模和视频

设计后的景观是空间和形式的交响曲。在剧院设计、汽车设计，甚至是迪士尼主题乐园的布置中，三维模型都是基本的设计工具。最初的设计通过做模型来创作，由粗略到精确。以二维形式设计与实景差别较大，而三维模型更能让人直接体验，它能让人有一种穿过它的感觉。这种模型强调项目的雕塑特征，比如能够设计园林和景观的雕塑家野口勇（Isamu Noguchi）也能做出漂亮的模型。

和模型工作一样，电影也能进行三维探索，因此也可被用于景观建筑设计。时移摄影和实时摄影是在城市空间中追踪运动模式时最有价值的技术，这方面的能手也许要数威廉·H.怀特（William H. Whyte），20

世纪 70 年代他在纽约的公共空间中使用影片来观察运动模式——他将之定义为"大众观察"（people watching）。

如今视频已被用于将制作实物模型与数字设计程序相结合，来作可变换的三维场所再现，这使呈现开发效果成为可能。关于数字化设计如何能使景观设计专业受益的讨论，请参看本书第 123 页。

对许多设计师来说，制作实物模型是探索空间概念的最佳方式

模型被用做开发工具和过程工具,以考验和证明设计意图

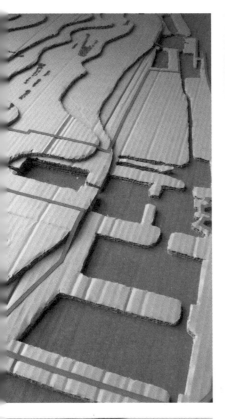

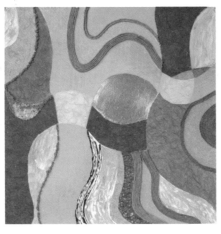

模型被用来探索从早期概念到最终方案的尺度和细节，
它们可采用各种材料制作

摄影

摄影是建立调查记录的一种重要手段，特别是在关系到全景时，它能提供一份易于使用的关于场所的最新记录。摄影还可以通过数字处理产生前后对照的图像，这是使现有场所开发效果可视化的一个关键方面。Photoshop 软件经常被用于制作平面和剪辑展示材料，但 3D 数字设计为制作效果和令人信服的前后对照图像提供了更好的可能性。航空摄影作为历史性记录也很有用，其历史可以一直追溯到 20 世纪 20 年代。

有时一些详细资料的来源比较隐蔽：本书的作者之一在 1990 年第一次为莫斯科的项目工作时，就使用过德国陆军野战排于 20 世纪 30 年代制作的地图和街头摄影。

前后对照的照片显示了一个计划中的开发区道路环状路口的嵌入和连向

数字化设计

数字化设计或者说计算机辅助设计（Computer-aided Design, CAD）是目前开发和建设行业所运用的标准绘图技术，在过去的 30 年间，它替代许多传统手绘表现技术，成为了绘制简图、正交平面图、截面图、立面图、投影图（轴测和等距）以及透视图的首选方法。作为一种技术，计算机辅助设计非常高效，而且可编辑。

不过，为了更具创造性地使用数字工具及技术，人们必须首先理解绘图基础，并制定一个系统的设计过程。有许多使用不同种类软件的不同方式可以来完成同样的任务。其实许多软件是直接复制了手绘技术和流程，不过在项目的特定阶段使用手绘渲染和草图技巧通常还是更为快速和更自然的。当然，将手绘技术和数字技术结合起来表现的方式也是可行的，它能给设计师提供非常多的方法来创建非标准的表现形式。

在大多数情况下，设计工作遵循这样一种模式，就是最初使用二维布置图，然后，为了方案陈述，在 Photoshop 软件中渲染三维（3D）模型，但是其实数字设计能提供的内容远胜于此。三维设计具有它自身的独特价值，我们可以通过生成的动画序列，显示项目在昼夜和不同季节所具有的不同特质，来对三维设计模型加以充分探索。同样三维设计也可以被用于模拟在不同时间段，

项目发展和建设的情况。对于设计而言，实体建模和动画软件（例如 3D Studio Max、Rhino、Maya 和 SketchUp）正变得越来越重要，这些程序是电脑游戏和特效产业的副产品，它们使快速表现设计思路成为可能。

那么对于景观设计专业而言，哪一种数字设计软件是首要的呢？可以选择的软件包括矢量化软件、栅格化软件、实体建模软件、视频和动画软件、矢量式和栅格式地理信息系统软件。真正的数字设计爱好者可以掌握以上所有程序，不过这可能会使他用于发展设计专长的时间变得很少。

矢量化软件：

截止目前为止，CAD 大概是被使用得最广泛的景观图形软件。AutoCAD 在此领域是市场的领导者，它最初起源于建筑绘图程序，后来在许多方向得到发展。针对管道设计师、电路设计师、结构工程师，该软件有特殊定制的补丁，对景观设计师也是同样如此。它还有一个 GIS 补丁。

矢量图形是一个可缩放的格式，由通过数学计算得到的单个对象组成。矢量图可以很容易地调整大小而不损失图像品质，这使它们成为了初始设计的理想格式。不过，矢量图往往具有人工痕迹，它们首先是基于点的，点连接成线条，所以在印刷中矢量图形

被认为是线性的。使用矢量图形格式的软件包 括 Adobe Illustrator(AI)、CorelDRAW (CDR)、Encapsulated PostScript (EPS)、Computer Graphics Metafile (CGM)、Windows Metafile (WMF)、Drawing Interchange Format (DXF)、AutoCAD，以及其他 CAD 软件和 Shockwave Flash (SWF)。

栅格化软件：

该软件是使用图像（例如航空照片、卫星照片和纹理贴图）和属性表的。在计算机图形学中，光栅图像，也称位图，是一种表示一般矩形像素或色点网格的数据结构。位图以不同格式的图像文件存储，依赖分辨率，与任何照片逐渐扩大时最终将模糊同理。因此，与矢量图不同，它们不能无品质损失地扩大。印刷厂将位图描述为连续的色调。

位图与显示在屏幕上的图像点对点地对应，通常形式相同。位图的技术特征由以像素为单位的图像宽度和高度，以及每个像素的比特数量决定。像素代表照片或图画的图像元素。

栅格化软件包括 Painter、Adobe Photoshop、MS Paint 和 GIMP 等。为了做照片编辑工作，景观设计师会使用 Photoshop 和 Photopaint 等软件。

建筑信息模型

传统的建筑设计使用二维图形（平面图、立面图、截面图等等），建筑信息模型（BIM）则超越了三维（宽度、高度和深度）——它还包括了地理信息、空间关系、阴影分析和材料可测量的数量和属性（如制造商规格），这些成为了一份"可共享知识资源"，或者说建筑或其他形式设施的虚拟模型，被允许在设计和施工阶段进行各种可能的测试——例如，如果使用 BIM 的土木工程版本，就

很容易调整道路的垂直剖面，并继而探讨如何调整在成本、环境或道路安全等方面带来的相应影响。BIM 就是一种"智能虚拟信息模型"。

BIM 可以被应用在建筑设施的整个周期，从设计到施工，到操作使用，甚至到最终的拆除和回收利用。该系统由设计团队交付给承包商和操作员或建筑设施经理。与 BIM 兼容的软件包括 ArchiCAD、

Microstation 和 Vector Works。 第 一个 BIM 系 统 是 Graphisoft 公 司 在 1987 年推出的使用 ArchiCAD 软件的 Virtual Building 系统。

在过去 30 年中，CAD 立足于生产数字版本的设计和施工图纸，已成为"图纸出产中心"（paper-centric），这些图纸以前都是通过手工绘制的。

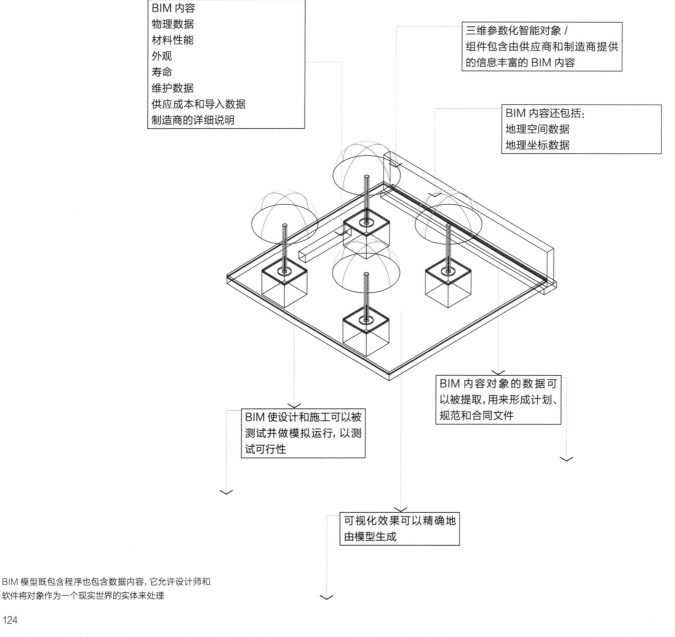

BIM 内容
物理数据
材料性能
外观
寿命
维护数据
供应成本和导入数据
制造商的详细说明

三维参数化智能对象 /
组件包含由供应商和制造商提供的信息丰富的 BIM 内容

BIM 内容还包括：
地理空间数据
地理坐标数据

BIM 内容对象的数据可以被提取，用来形成计划、规范和合同文件

BIM 使设计和施工可以被测试并做模拟运行，以测试可行性

可视化效果可以精确地由模型生成

BIM 模型既包含程序也包含数据内容，它允许设计师和软件将对象作为一个现实世界的实体来处理

测绘、航空摄影、卫星图像和地理信息系统

地图对于权力至关重要，18 世纪技术领先的制图师是法国人，他们在路易十四时代的辉煌胜利中绘制了国家的领土。在英国，地图的全面测绘工作始于 1745 年詹姆斯二世党人的叛乱之后，首先绘制的是苏格兰高地的地图，此项工作促成了英国地形测量局（the British Ordnance Survey, OS）的设立，它的设立使地图绘制活动先扩展至爱尔兰，然后又扩展到整个大英帝国。乔治·埃佛勒斯（George Everest）是印度三角大测量（the Great Trigonometrical Survey of India）的负责人，他在 19 世纪 50 年代完成了该国的第一次三角测量，这是一个花费了半个世纪的巨大任务，包括构筑塔架和清理森林中影响视线的障碍物。

对于美国内战持续了这么长时间的原因一直存在争议，一些人认为其部分原因在于没有预先做对国家广阔领土的全面测绘工作。有人提出，如果能更好地理解地形，南部联盟就可能会更快地被打败。对此类地图的需要让美国于 1879 年成立了美国地质调查局（the US Geological Survey）。

所有的景观设计师都应该通晓地图以及它的现代版增补内容——航空摄影和卫星图像。这项工作可以从探索美国宇航局（NASA）的网站开始，它提供了许多的世界视图，也可以从考察所在国家可提供的历史地图开始，后者提供了额外的有利条件，使你能探索该地近代历史层次。例如，英国许多已开发的地区都已经以 1:1250 的较大比例在 19 世纪 70 年代绘制好地图了，因而你可以察看出在过去两个世纪内，码头、道路、矿山和采石场的开发过程，以及它们随后被用于建设住房、购物中心或自然保护区的情况。

数据集是基于地形图而得到的，例如英国地形测量局提供像 "OS Land-Form PROFILE Plus" 这样的数据集，这是基于 1:10000 比例尺的地形测量地图而得到的。注：1:10000 地图等高线间距为 5m，在乡村精确至 ±1.0m，在一些城镇则精确至 ±0.5m。

此外，在绘制地图和调研时还可以使用全球卫星导航系统（global navigation satellite systems, GNSS），其中全球定位系统（Global Positioning Systems, GPS）最广为人知，它是基于美国国防部的卫星数据设立的，但要注意的是这些数据只能精确到几米，通常是 ±10 米。尽管如此，在地形测绘覆盖较差的地区，如非洲的大部分地区和中东的部分地区，使用这些卫星数据还是至关重要的。在 GPS 之外还有一个全球卫星定位系统目前处于运行之中，那就是俄罗斯的格洛纳斯系统（GLONASS）。其他还有一些欧洲、中国、印度和日本的全球卫星定位系统处在研发阶段。在高纬度地区（如极地）和低纬度地区（如赤道），GLONASS 比 GPS 更精确。

欧盟伽利略系统（The European Union Galileo system）如果最终能成功运行的话，也许能提供更高的清晰度和准确性（它能精确至米），这个民用的系统被设计为可以同时与 GPS 和 GLONASS 系统一起操作。欧洲航天局于 2011 年 10 月发射了初始的 4 颗伽利略卫星中的第一颗，计划到 2019 年将总共发射 30 颗卫星，该系统计划免费提供给公众使用。

中国区域导航系统被命名为 "北斗"，计划将在 2012 年以北斗 2 号（已改称为 "指南针"）扩大覆盖至亚洲及太平洋地区，它将提供一项免费的精确度为 ±1.0m 的服务，以及一项需要获得许可的更精确的服务，它计划于 2020 年迈向全球。在 2012 年北斗 2 号运行了一项精确度为 ±25m 的免费服务，随着更多的卫星发射，这个精确度将会更高。

欧盟伽利略全球卫星导航系统到 2020 年将能为美国的 GPS 提供更高的分辨率，而中国的北斗系统目前已经在运行了

地理信息系统（GIS）

GIS 是一个计算机化的、以地形为依据的数据集，它最初是在 20 世纪 60 年代的加拿大，由地理学家和地质学家罗杰·汤姆林森（Roger Tomlinson）博士为该国的林业部和农村发展部开发，后来从 1965 年起，它又在哈佛大学设计研究生院由建筑师霍华德·费舍尔（Howard Fisher）主持的计算机图形学实验室（Laboratory for Computer Graphics）的工作中得到进一步的研发。景观设计师杰克·丹杰蒙德（Jack Dangermond）于 1967 年加入该团队，帮助开发 SYMAP 软件（Synteny Mapping and Analysis Program：共线性绘图和分析），它基本是一个可视化绘图工具。后来丹杰蒙德建立了 GIS 软件公司环境系统研究所（Environmental Systems Research Institute，ESRI）以进一步发展 GIS。截至 2012 年，ESRI 已研发了易于使用的 ArcView 程序、更精细的 ArcInfo 程序，以及允许添加额外的模块来增加功能的 ArcGIS 程序。GIS 数据表示为：

· 高程数据，无论是位图还是如等高线这样的矢量图；
· 形状图层，通常是线图，包括街道、河流、地块大小等；
· 坐标系统的描述；
· 坐标系统提供的描述地球形状的数据。

GIS 使得地形数据可以被解释，如地图或卫星摄影数据（包括紫外线摄影），也包括人口普查和景观所有权数据，它能提供土地的视图，对景观设计师以及土地所有者、规划部门和政府机构而言都是一种重要工具，土壤、地质、边坡分析、地下水和水文、植被、用户偏好、轮廓等等信息因此而易于处理了。它也使对 20 世纪 60 年代由伊恩·麦克哈格的学生使用塑料覆盖片获得的层数据进行二维及三维数字处理成为可能。在宏观层面上，它使景观能以区域尺度来理解，在微观层面上，它使树木的存量计算成为可能，使景观管理操作可以被记录和监控。另外，GIS 也使景观设计师能制作属于自己的地图。

理论可视区域（ZTV）

对视觉影响区（Zones of Visual Influence，ZVI）或理论可视区域（Zones of Theoretical Visibility，ZTV）的分析是一种客观的评估方法，可被用于评估像一座新建筑这样的对象看起来会如何，这是通过使用带有数字化高程数据集的计算机软件做到的，此数据集的数据基于的是地形等高线地图和高程点。

合成能见度图（the resulting visibility plan）显示了基于地形的最大可见区域，允许树林、现存建筑物、墙壁或事实上的大气条件如雾的屏蔽效应。ZTVs 是景观及视觉影响评价（Landscape and Visual Impact Assessment，LVIA）的一部分，而后者又是环境影响评价的一个组成部分。一个完整的视觉评价必须通过对现场精确能见度的调查来提供数据支持。

能做 ZVI 分析的软件，目前有附加了像 Key TERRA_FIRMA 组件的 AutoCAD，或像 Global Mapper 这样的 GIS 软件。

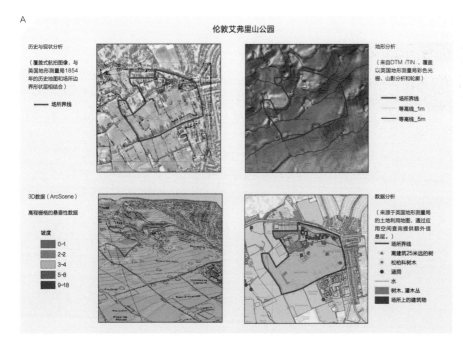

A. 伦敦艾弗里山公园（Avery Hill Park）的 GIS 视图，显示了不同数据集的选择性使用

B. 为一座位于圆心处的新开发的 64 米高的酒店所做的半径为 12 千米的 5 点 ZTV 分析实例。建筑的团块在区域中最为明显，呈现为最深的复合颜色

C. 为位于圆心的涡轮机所做的 15 千米半径、多点、复合辐射线 ZTV 分析案例，显示在英国地形测量局的一幅比例尺为 1 : 25000 的地图基底之上。涡轮机在该地区最为明显，呈最深的蓝色

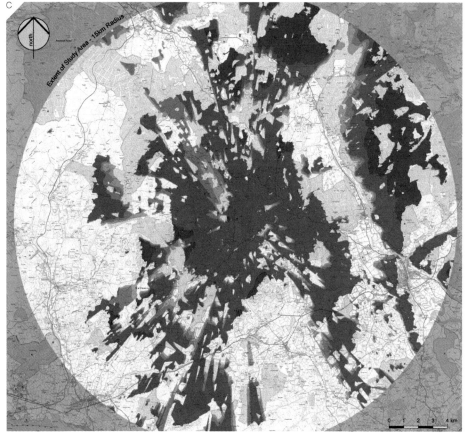

报告撰写

报告是设计过程的重要内容，撰写报告是景观设计师必需掌握的技能，事实上，所有的设计专业人士都需要掌握此项技能。报告的目的是尽量简洁和清晰地将设计内容传达给客户，因此应该以一种适当的形式和分析型风格来写作报告，报告内容包含简介、正文和结论，内容应该合理地加以组织及提出，并需要仔细校对。

一份报告通常应该包括以下要素：
· 简明介绍，描述报告的目的和内容，并说明该项设计是由谁在何时委托的；
· 标题页；
· 目录；
· 缩写及词汇表；
· 摘要；
· 序言；
· 正文；
· 结论；
· 行动建议；
· 参考书目；
· 附录。

陈述方式及风格很重要，为了取得较好的第一印象，请注意以下这些简单技巧：
· 确保报告的各独立部分都很清楚；
· 使用小标题；
· 使用要点或编号点；
· 为了易于说明以及版面效果，使用表格和图示（图形、插图、地图等等）；

· 给每一页编号，每一项也应编号，以便于查阅；
· 使用协调和适当的格式；
· 使用正式语言。

需要避免的则是：
· 含有粗心、不准确、无关紧要或相互矛盾的数据；
· 对事实和观点不作明确区分，将两者混淆；
· 缺乏依据的结论和建议；
· 粗心的陈述及核对；
· 以否定观点开始陈述。

景观与生物多样性

04 种植概念

04.1 原则

由于场所的紧缩性，种植通常集中在3个主要区域：封闭的感观型体验花园、生态屋顶，第三处是乔治王子路（the Prince George Road）沿街。每个花园位置的选择，都希望能为孩子们从教室向外看创建一个自然背景，同时还要尽量捕捉阳光以确保植物良好生长，这些花园也可作为学生辅导小组的探索资源。

为了学生的安全及管理，种植设计考虑到了视线的清晰。

植物种类的配置根据学校提出的要求，使用了无论是吃引或触摸都无毒的物种，原则上是尽可能不结果、无刺、没有边缘锋利的叶或茎、对损伤有恢复能力并易于维护。

植物的选择还考虑到了使所有季节性植物或植物群的最佳效果会在学期期间，并包含了高比例的常绿植物以确立清晰的种植结构。种植的选择还为补充课程要求服务，思考因素包括其感官品质、吸引野生动植物的能力，以及能否提供机会增加多样化学习的经验。

最后所提出的种植模式包括主要乡土树种、灌木、地被植物和草本植物，一些自然化的、观赏效果较好的品种也被引入，以提高视觉美感。

植物材料将在本地采购。

04.2 种植调色板

树木列表
拉丁名
Acer campestre 'Elsrijk'
Acer ginnala
Alnus glutinosa 'Laciniata'
Alnus incana 'Aurea'
Alnus incana 'Laciniata'
Betula albosinensis 'Fascination'
Betula pendula
Betula pubescens
Betula utilis jacquemontii
Carpinus betulus 'Fastigiata'
Liquidambar styraciflua 'Stella'
Pinus sylvestris
Quercus robur 'Fastigiata'
Sorbus aria 'Lutescens'

攀援植物列表
拉丁名
Clematis armandii
Clematis vitalba
Hedera hibernica
Hydrangea petiolaris
Jasminum officinale
Lonicera henryi
Lonicera periclymenum
Parthenocissus tricuspidata 'Veitchii'

灌木或草本列表
拉丁名
Acaena buchananii
Acer campestre
Alchemilla mollis
Anemone hupehensis
Astrantia major
Cercidiphyllum japonicum
Cornus alba 'Kesselringii'
Cornus alba 'siberica'
Cornus sanguinea 'Midwinter Fire'
Corylus avellana
Cotinus coggygria 'Flame'
Hamamelis x intermedia 'Diane'
Lavandula angustifolia 'Hidcote'
Miscanthus sinensis
Perovskia atriplicifolia 'Little Spire'
Rosmarinus officinalis
Rosmarinus prostratus
Salix viminalis
Salvia leucantha
Santolina chamaecyparissus
Sarcococca confusa
Sarcococca hookeriana 'Humilis'
Sedum spectabile
Teucrium fruticans 'Azureum'
Verbascum nigrum
Verbena bonariensis
Viburnum x bodnantense 'Dawn'

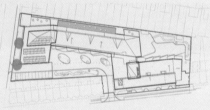

生态屋顶区

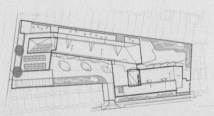

拟种植的树木

拟种植的灌木

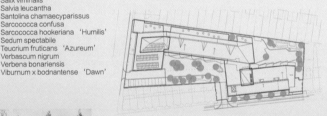

现场展示

作为一名景观设计师，你会发现自己经常需要说服其他人，例如开发商和出资人，以便他们提供资金使你能实现自己的梦想。这些说服工作，可能是参与项目委员会最初竞争性招标的部分内容，也可能是随后参加设计评审时的陈述，在进行社区参与和社区设计研讨会这类公共陈述时就更需要予以详述。你需要说服董事会、规划局和金融家，当然最重要的还是整个社区，要使他们能认可你的提议是最好的推进方案。这需要你有清晰和具有说服力的观点，以及向他们很好地传达这一观点的能力。能够站在委员会面前为你的设计清楚地辩护是一个很关键的技能，你必须能够令人信服地表达，此时你就不能只是简单地躲在漂亮的图纸后面了。

目前多数陈述是使用 PowerPoint 文件来演示的，这既有优势也有劣势，因为它可能会导致俗称"要点化"（bulletpointitis）的情况。顺便说一下，使用要点式陈述的问题是它们倾向于鼓励过度简单化和断言，削弱了论述和说明的成分。一个很好的演示文稿的规划结构可以缩写为 PEE（即 Proposition, Explanation, Evidence：论点、论述、论据）。

因此（请注意我们在这里也是使用要点式陈述来提供忠告的！）：

· 要显示全屏的图像，并确保它们确实表达出了一些内容；
· 能使用一张图片说明问题时，就不要使用 5 张图片；
· 使用口语式陈述来解释、扩展和强调显示在屏幕上的各个要点；
· 不要仅仅是跟着屏幕阅读；
· 要面对并看着你的听众，如果听众很多，试着捕捉分布于其中的五六个人的目光，这样如果他们听得昏昏欲睡的话，你就能很快注意到；
· 不要讲得太快，要准备偶尔的暂停以造成戏剧效果；
· 要练习声线投射——应该是说而非叫喊，有可能的话就使用麦克风（要确保在后方的听众也能听到）。

公开陈述需要自信，需要学习如何吸引听众的注意，如何以令人振奋的清晰度与他们交流。
A. 2011 年 2 月，向里尔市的议员和规划师们陈述水站（Gare d'Eaux）的方案
B. 模型使陈述更容易解释和被理解
C. 2010 年 2 月，向里尔市的规划师们陈述圣苏维尔火车站的方案

A

B

C

案例研究：塞浦路斯阿佛洛狄忒山的别墅园

私人花园的景观设计

这个总体规划是为塞浦路斯阿佛洛狄忒度假区的一处别墅园而做的，这是将要提交给客户的图纸，连同透视图和带有对比特征的照片，照片通常是彩色的。游泳池位于别墅的右侧，靠近主平台，之前设计师已与客户讨论过，以了解他们希望如何使用花园、阳台、冷水游泳池以及能眺望一座亭子的休闲平台。

在一张更详细的平面图中，这些想法得到了进一步的发展，设计最终的完成形式是一系列计算机绘制的平面图，比如铺装计划会显示铺装类型、图案、标高、标高的变化、墙壁和植床，以及所有的建筑轮廓。这些是通过详细的施工图纸、种植计划、灌溉和照明计划以及一份说明书来做到的。拍摄的建造照片则显示出，当平面图上的一条线变成了地面上的一条线时，绘图所计划的想法是如何逐步被实施成最终的形式的。

A

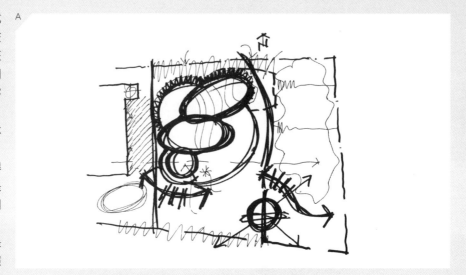

B

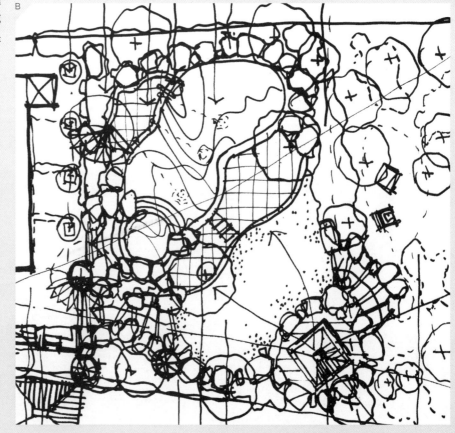

A. 最初用毡笔绘于描图纸上的草图，作于一次与客户
　会面之时，是比例较大的总平面图，该草图混合表
　现了分析图与设计思路

B. 在第二次客户讨论会议后，以毡笔在描图纸上对初
　始草图进一步加以发展，该草图在最初的思路上添
　加了构成和形式，但仍然是非正式的，会议之后就
　对其进行了修改。这种非正式的图纸画得很快，包
　含了客户的想法，可进一步加以发展变化

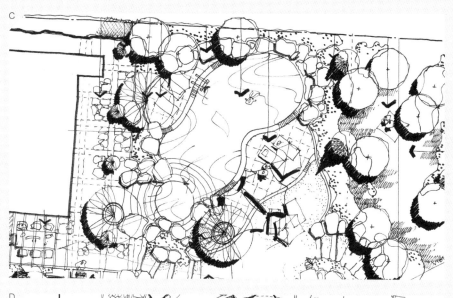

C

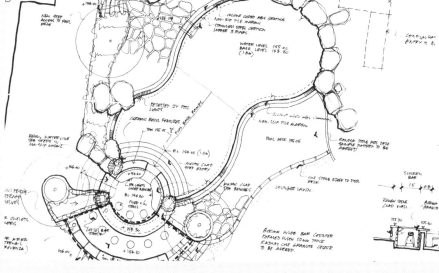

D

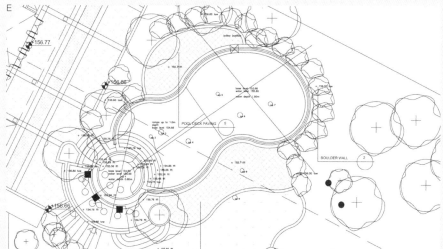

E

C. 为第一次陈述而绘制的图纸，详细表达出了设计
思路，绘于描图纸上，使用专门的水笔和毡笔、马
克笔，增加了阴影和纹理，使用色铅笔手工上色。
材料和细节可以另外附加说明

D. 随着客户对方案的最后认可，设计方案的细部开始
呈现：在机械绘图的基础上，手绘添加了场所标高
和半径，这幅图纸为最终施工方案的数字化绘制奠
定了基础

E. 最终的手绘图以黑白图像的形式扫描后导入到
CAD 软件中，作为 AutoCAD 数字线条的背景
图形，成为了绘制硬质铺装（路面）、软质铺装（种
植）、照明和独立游泳池等施工图纸的基础

F. 游泳池的建设：原始的、未完成的自由形态的混凝
土结构

G. 建成后的游泳池

F

G

第4章 案例研究 塞浦路斯阿佛洛狄忒山的别墅园

第5章
从设计团队到景观的长期管理

伦敦奥林匹克公园的湿地景色

工作阶段

几乎所有高度成熟的行业, 如建筑、工程和景观设计, 都具有所谓的"工作阶段", 其模式大致相似。我们已经在第二章有关费用的讨论中对此进行了概括, 简要说来, 景观事务所的工作阶段大致如下:

初步服务

A　启动
B　可行性论证

标准服务

C　总体方案
D　设计方案
E　详细方案
F / G　产品信息和工程量清单
H　招标
J　拟定合同
K　建设
L　完成

因为通常可以借用其他行业的协议样式, 而且为由其他行业主导的项目工作也是经常发生的事, 所以我们在此给出英国皇家建筑师学会(the Royal Institute of British Architecture, RIBA)2008年11月颁布的工作纲要中所规定的工作阶段, 它通常包括以下5个主要部分:

A / B 准备
C / D / E 设计
F / G / H 建前准备
J / K 建造
L 使用

总体方案强调项目的持续性, 即无论是住宅开发、道路建设还是商务园区开发, 一个项目在建设工作完成后都还在继续。

这一工作纲要可以与英国政府商务办公室(UK Office of Government Commerce, OGC)的指导方针相对照:

1　商业论证(成熟行业一般称之为商业案例)
2　采购计划
3A　设计纲要和概念审批
3B　详细设计审批
3C　投资决策
4　服务准备
5　效益评估

这一指导方针可以让人们知道一个大客户(中央政府)是如何从服务客户的角度看待任何资本项目的发展前景的, 无论客户是一所大的学校还是一艘军舰。这些到底意味什么呢? 在此我们详细研究一下英国风景园林协会的工作阶段:

景观建筑设计事务所的工作阶段及相应收费

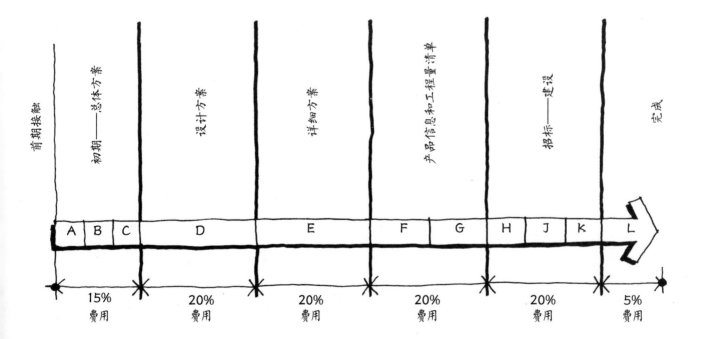

前期接触　初期——总体方案　设计方案　详细方案　产品信息和工程量清单　招标——建设　完成

A	B	C	D	E	F	G	H	J	K	L

15% 费用　20% 费用　20% 费用　20% 费用　20% 费用　5% 费用

初步服务

A 项目启动阶段需了解客户所有的需求，诸如项目用途、时间表和财务安排，还要成立一个成本咨询委员会，这些都要以书面形式得到确认。在此阶段景观设计师通常需要到访现场，从客户处获取所有权信息和任何有关使用和开发上的法律限制。他们会提出建议，以帮助客户聘用其他必要的顾问、选择明智的专业承建商和供应商（这些可能需要较长时间来组织）。

B 可行性论证包括估测客户的需求、研究可供选择的设计方案、对规划申请给出建议，以及这些内容可能涉及的其他项目。在这一阶段需要确定如何提供标准服务。

标准服务

C 总体方案包括总体设计方案的形成以及为了完善设计而与其他设计顾问的会面。在一开始就要与规划部门会面以确定他们的具体要求以及建造、设计和管理（Construction, Design and Management, CDM）规划监管者的要求。

D 设计方案包括对总体方案阶段形成的草图方案进行完善、与其他顾问讨论以估测其可行性，并进行成本估算以及制定建设计划。在该阶段，设计方向与材料类型需得到客户同意。要继续与规划部门进行讨论，最终提交总体方案申请，另外还需与公用事业公司及环境保护等执法部门进行讨论，以保证设计能够得到批准。

E 详细方案是指进一步细化设计方案至具有充分细节，以取得客户的认可，并可与其他顾问、供应商和专业承建商协调该方案，获取初步报价以核算成本，然后就可以提交一份详细的规划申请了。

F/G 产品信息和工程量清单包括：完成"生产图纸"，即最终的平面图和施工详图，并准备一份说明书（即描述工作各项内容的书面文件），还有各式明细表（如种植列表）及工料测量师关于编制工程量清单的建议。工程量清单是一个具有测量数量的工程项目列表（包含数量、面积或线性测量），招标人据此可以进行工程估价。

H 招标程序包括制定合适的投标人（即可参与价格竞标的承建商）名单以确保他们在指定时间投标，之后应当邀请他们根据图纸、说明书、各式明细表和工程量清单提交标书。

J 拟定合约在标书提交后进行，它基于公认的，通常也是标准的合同格式，由承建商和客户签定，客户须将生产信息（即最终图纸和细节）提供给承建商。

K 建设通常会持续从几个月到几年不等的较长时间。在此期间，景观设计师与承建商及其他顾问们都要一起参加工地现场会，要监督建设工作并解答施工现场出现的问题，核查并确认承建商的账目，关注任何影响作品价值的变化，并对客户提出相应的建议。

L 完工阶段包括检查工程是否按要求完成，承建商的最终账目是否与合同条款相符。

上述工作阶段的设置是理想化的，实际工作中会有很多变化。比如说，在 H 阶段可以与一位认可的承建商在约定的价目表基础上讨论合同，而不是进行招标。不过这种情况在花园设计工程中更为常见，而较少见于多数公共或商业工程中。

在现场监察铺路工作：景观设计师必须向客户报告建设是否已经按规范完成。如果已完成，客户即可付款给承建商

案例研究: 伦敦 2012 年奥林匹克公园

团队合作和国际惯例

2005 年申办成功的 2012 年伦敦奥运会, 其制定的重要策略之一是要带动东伦敦(East London)的更新。利亚河谷(the Lea Valley)周边的区域被提议改造为奥林匹克公园, 这里是一片后工业铁路货场和工厂遗址的废弃地, 位于英国 8 个最贫困地区的一个之中。

在 2002 年, 一个由 Insignia Richard Ellis 公司和 Arup 公司开展的可行性研究说服了托尼·布莱尔政府和伦敦市长肯·利文斯通(Ken Livingstone)支持伦敦申请举办 2012 年奥运会。在伦敦市长的推动下, 最终选择伦敦东部的斯特拉特福德(Stratford)作为举办奥运会的主要场所。

随着 2005 年伦敦申办的成功, EDAW 设计公司作为景观建筑设计和经济规划行业领袖, 被任命为初始阶段的总体规划方。EDAW 公司是一家大型的国际性环境设计和规划公司, 总部在美国旧金山, 于 1939 年由西海岸的两位现代主义杰出人物盖瑞特·埃克博和爱德华·威廉姆斯(Edward Williams)创立, 从 2005 年开始, EDAW 公司被 AECOM 公司所拥有, 后者是一个大型开发咨询集团, 这种吞并标志着景观事务所全球化发展的极致。EDAW 公司先前已经参加过 1976 年蒙特利尔奥运会、2000 年悉尼奥运村和 2008 年北京奥运会水上公园的设计工作, 2006 年时公司的董事长是英国景观设计师杰森·普莱尔(Jason Prior)。EDAW 公司为伦敦奥运会进行了最初的整体规划, 后来 AECOM 公司又赢得了位于巴西巴哈德提虎卡(Barra de Tijuca)的面积达 120 公顷的 2016 年里约热内卢奥运公园的整体规划项目。

伦敦于 2006 年成立了奥运会筹建局(Olympics Development Authority), 以监督奥运会设计招标和建设合同的执行。该局的首席景观设计师是约翰·霍普金斯(John Hopkins), 2008 年他负责监督

了一项对面积达 250 公顷的奥运公园及其遗产进行规划设计的国际设计竞赛, 该赛事的获胜者是美国人乔治·哈格里夫斯(George Hargreaves), 他的执行景观建筑设计方是英国 LDA 公司。然而, 全部工作的开展还需要很多英国景观设计界同行的加入。比如, 园林设计师萨拉·普莱斯(Sarah Price)负责了公园的总体框架, 谢菲尔德大学的教授詹姆斯·希契莫夫(James Hitchmough)和奈杰尔·杜内特(Nigel Dunnett)设计了利亚河两岸的草地和草本植物展示, Engineers Atkins 公司主导了土地改造工作, Arup 公司承担了河道工程。

除奥运村外, 奥林匹克公园还包括一个 8 万座的主体育场、网球和射箭场馆、室内自行车馆、曲棍球场、手球和游泳中心。这些场所设施多数将会被保留, 而奥运村将成为永久性公寓住宅。

2012 年 4 月 1 日由伦敦市长宣布成立了。London Legacy Development Corporation, 来负责开发面积达 226 公顷的永久性公园以及泰晤士河口地区, 该公司的专职景观设计师是菲尔·艾斯丘(Phil Askew)。2012 年 8 月, Land Use Consultants 公司接受委托, 负责地块北段的设计, 而纽约的 James Corner Field Operations 事务所则负责了地块南段的设计。奥林匹克公园在 2013 年 7 月作为伦敦东区的一个永久性公园, 以伊丽莎白女王二世公园(the Queen Elizabeth II Park)之名再次对公众开放。

A. 2012 年奥运会可以被看绿色环境中的建筑展览。为奥运会而建的桥梁非常宽, 转为遗产公园后改建收窄了

B

B. 水道两侧铺设有人行道, 道边覆盖着植被
C. 从种植的绿道眺望奥运会主体育场
D. 种植了速生树种的湿地草甸开始创建出一种非正式的公园绿地结构
E. 主体育场向左是安尼施·卡普尔(Anish Kapoor)设计的红色轨道观景塔, 而在它的对面穿过水工河(Waterworks River)则是水球馆(the Water Polo Arena)

C

D

E

多学科的设计团队

　　每项独立的任务都要求成立一个团队，团队中的每位成员或每项工作代表了一种特殊但必要的技能，例如在提交投标竞争方案时，如果建筑师或工程师需要一个景观设计师的帮助，景观设计师便为此特殊任务而加入团队。对于竞标来说，设计团队的建设需要通常建立在推测的基础之上。如果一个任务已经确定即将开始，则商定费用和工作协议是很重要的，其中包括你需要投入的成本。为此，你需要根据交付物，比如说图纸，来预测工作量及完成任务所需的时间。依照经验，一个快速估计的方法是估算每张正式图纸所需要的大致天数——如果把会面、参加设计会议及联系其他顾问的时间考虑在内的话，画一张图纸大约要花费 10 天，然后你就可以计算出一个适当的时间费用，或者是基于估算的资本成本计算出一个百分比费用。

　　为了与其他专业有效合作，需要确定职权范围和工作方式，一个工程或建筑开发项目设计团队最常见的成员安排包括：

　　工程师，包括结构工程师（负责建筑物或桥梁结构设计）、土木工程师（负责道路）、机械和电气工程师（负责水电及其他服务），另外可能还需要专业工程师来负责空中高压电缆或地表以下的工作。

　　估算师（the quantity surveyor，也简称为 QS），这是英国或英联邦国家特有的一种成本顾问，其他地区也有成本工程师，但是有时成本计算和测算由设计师自己来做。

　　项目经理（通常为估算师），这是个较新的行业，负责规划、组织和指导全部的项目资源，尤其是设计资源。

　　开发调查员，负责在房地产服务商的协助下，对土地的整合及其后续开发提出建议。房地产服务商具体负责市场营销和投机商业项目的出租，比如一个办公大楼或商务园区。

　　规划顾问，在进行前期规划以准备审批的阶段很可能需要他们。顾问团队可能还包括其他专家，如考古、生态、林业、农业、土壤或岩土工程等方面的顾问及经济规划师。

　　项目管理需要交流渠道清晰、责任机制明确，以下问题从一开始就需要提出：

· 何时？ 项目阶段和重要事件。
· 花多少钱？ 基本建设成本、费用、持续的收入和管理成本。
· 为什么？ 目的和目标。
· 做什么？ 产出和可交付成果。
· 怎么做？ 流程和任务。
· 谁？ 角色、职责和可交付成果。
· 风险是？ 风险及权衡。

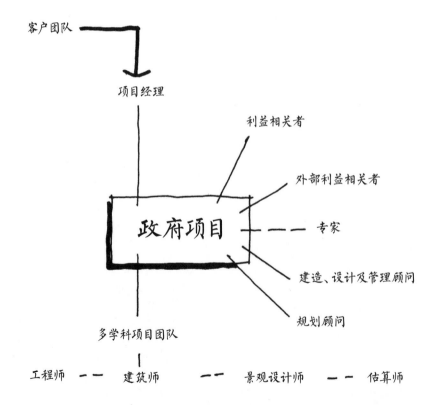

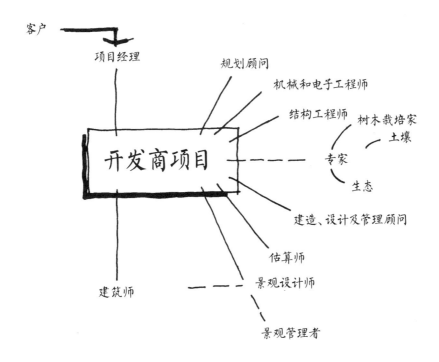

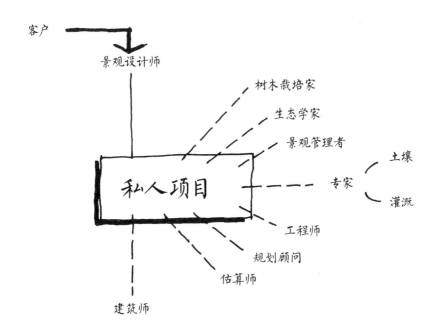

工作计划和设计团队

在项目开始之时,必须确定设计团队的工作方式,应该设一位首席顾问,可以让项目中最重要人员担当此职,比如负责水库项目的水坝工程师、负责建筑物的建筑师,或者专门的项目经理。

应该制定总体设计工作计划,通常以条形图的形式显示每位顾问工作的交付日期。通常每周或每两周应举行一次正式的设计团队会议,回顾工作进展,向整个团队介绍当前的设计情况,对有关设计问题进行讨论并作出决定,切记要将会议内容快速清晰地记录在案。

有时,从开始阶段到提交设计方案期间,设计团队要由一位规划师来领导。之后,到了详细设计阶段和生产图纸阶段,则改由首席项目顾问负责。

客户或其代表可以参加设计团队会议,此外还有一些其他项目会议,参加者除了客户外,还有成本顾问、房地产服务商和外部投资者(通常是银行或慈善机构)。

理想化条件下,项目概要一开始就要确定项目的范围,然而实际上则很难实现这一点,项目团队会议要以变更通知单的形式,记录原始项目概要的每一项变化。

变更通知单来表明原设计合同中工作范围的变更情况,比如各方商定的工作量增加或减少的情况,并据此对原合同价格和完工日期进行修改。项目资本价值(the capital value)的削减包括设计费的额外支出,因为如果要重新设计,图纸也要重新绘制。

在草案中,各项计划任务以时间顺序排列

任务
- 1) 任命顾问
- 2) 工作阶段A——启动
- 3) 工作阶段B——可行性论证
- 4) B阶段——向客户陈述
- 5) 工作阶段C——概念设计
- 6) C阶段——向客户陈述
- 7) 工作阶段D——设计深化
- 8) D阶段——向客户陈述及获得批准
- 9) 提交规划申请
- 10) 工作阶段E——技术设计
- 11) E阶段——获得客户批准
- 12) 工作阶段F/G——产品信息
- 13) 工作阶段H——招标
- 14) 工作阶段J——动员
- 15) 开始现场工作
- 16) 工作阶段K——现场建造
- 17) 实际完成
- 18) 工作阶段L——实际完成后的工作
- 19) 项目移交
- 20) 维护阶段

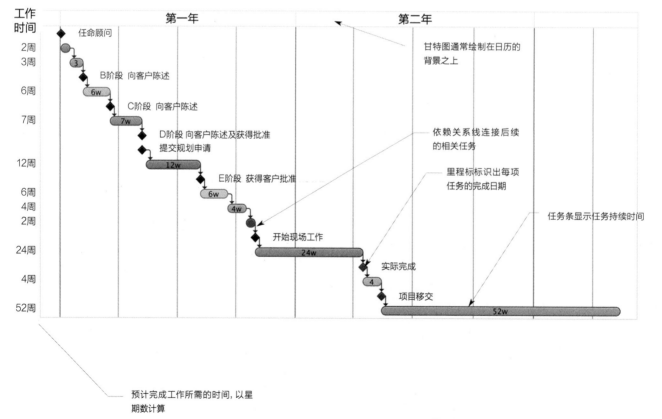

基础性甘特图表

项目成本估算

充分的成本估算对任何项目都是至关重要的，在工作一开始对此就该进行探讨，景观设计项目尤其需要这种探讨，因为成本规划师和估算师的估价往往是不全面和有欠缺的。成本估算包括两方面：基本建设成本以及持续的维护和管理成本。许多景观设计师常不愿考虑维护成本，但为了确保设计方案能满足长远需要，这是必须考虑的。很多公共喷泉都不能喷水，就是因为在最初计划阶段没有考虑维护成本，财务方面也没有安排这项费用。

初期主要考虑的是：

· 足够的成本估算和设计程序：
制定关于设计和制图、成本核算、规划报批以及产品信息（例如施工图）的时间表，以便承建商可进行投标。

· 招标程序：
制定招标时间表，内容包括选择合适的公司、安排合理的招标时段、考虑和核查投标书，以及委派一名成功的承建商。

· 场所工作程序：
制定一份工作计划，附带有效且切实的时间表，涵盖从开始到结束的所有工作。

· 维护程序、责任和融资。

这一节我们侧重讨论公园的费用，因为它们是景观设计师可能负责的项目中最"纯粹"的一种，在某种意义上，它们存在的主要理由就是成为经过设计的景观。不过，规划一个公园所需的成本分析可适用于所有的建设项目。任何公园项目开始时，都要提出以下4个相互关联的问题（不分先后）：

· 何为投资成本？
· 何为持续维护成本？
· 如何为投资成本和维护成本提供资金？
· 公园建设的目的是什么？

如果没有考虑好未来的管理和财务，就投入建设公园所需要的大笔资金，是非常不合理的，提供维护资金和支撑一座公园的途径之一是发掘随项目建设而导致的周边土地的升值，这在历史上有过成功的先例，比如伦敦摄政公园（Regent's Park in London），它是由约翰·纳什主持的摄政街开发的一部分，属于皇家地产，公园的维护与管理资金来自建筑物的服务费。与之相比在东伦敦范围内的维多利亚公园（Victoria Park），就一直难以取得足够的维护资金。

因此，公园的建设应该融入交通与房地产开发中，其口号应该是：交通＋公园＋健全长效管理＝成功的长期房地产投资＝良好的社区发展。提高土地价值有助于建立良好社区以及生态发展，是大多数城市发展所必需的，埃姆舍尔公园就是一个规模宏大的实例（见第44页）。

在本书第144页有一张调查表，涉及西欧各种公园的景观基本建设成本，它说明了如何在土地面积、项目类型或项目复杂性（成本与此相关）的基础上，进行初步的成本估算。此外成本估算还应参考以前的实例。

由于私营企业会在交通和环境的改善方面受益，所以应当吸收他们的资金注入到公园的建设中。另外，园区开发者应该控制新公园周边开发土地的永久产权，这样所得到的利润和服务费就能进入公共财政，为公园提供资金支持。这不是一个新的概念，这是商务园区开发的常规做法。

交通+公园+健全长效管理＝ 成功的长期房地产投资 ＝ 良好的社区发展

项目成本

这是一个典型的公园开发项目的项目成本图解,设计时间和设计收费均占项目开发时间与投资成本的10%,在项目的开始阶段就应当确定后续的年度维护和管理费用。

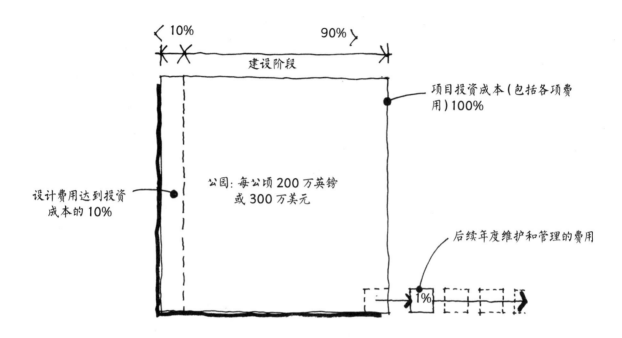

合同文件

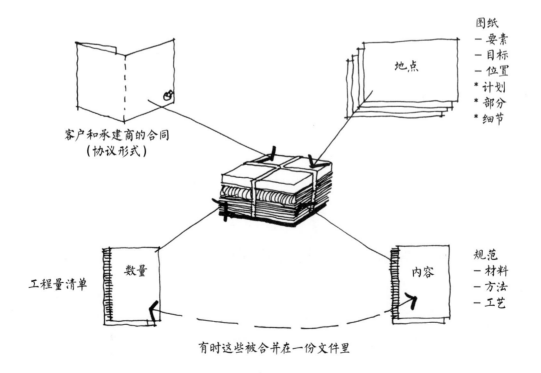

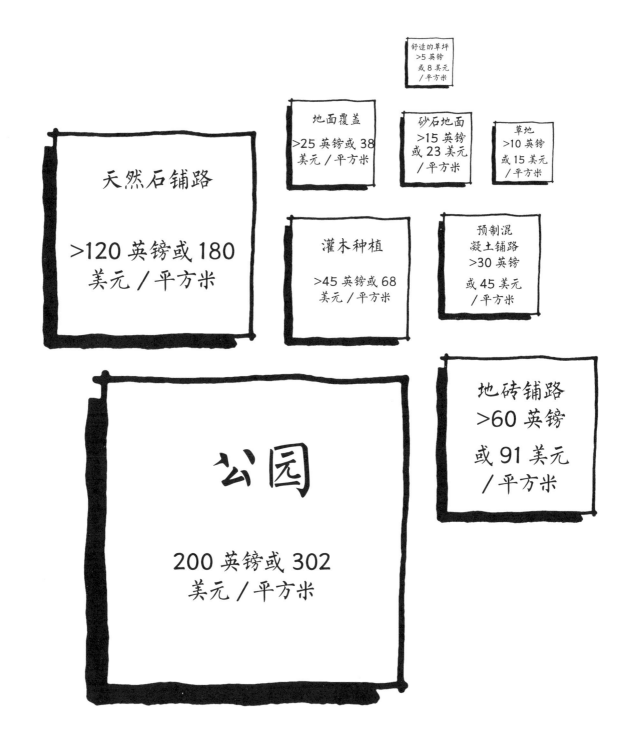

舒适的草坪
>5 英镑
或 8 美元
/ 平方米

地面覆盖
>25 英镑或 38
美元 / 平方米

砂石地面
>15 英镑
或 23 美元
/ 平方米

草地
>10 英镑
或 15 美元
/ 平方米

天然石铺路

>120 英镑或 180
美元 / 平方米

灌木种植

>45 英镑或 68
美元 / 平方米

预制混
凝土铺路
>30 英镑
或 45 美元
/ 平方米

公园

200 英镑或 302
美元 / 平方米

地砖铺路
>60 英镑

或 91 美元
/ 平方米

公园景观建设所需的费用取决于公园的类别。如果它是一个密集的城市中心公园，则每平方米造价可能超过 300 英镑。如果是慕尼黑里姆公园（the Riemer Park）或英国泰晤士河坝公园沿线的公园用地的话，每平方米造价为 100-200 英镑左右可能是合理的（此价格可按一定标准进行修正）。比较节省的景观建设方法，则是像埃森市附近的北杜伊斯堡风景园和威尔士替代技术中心（the Centre for Alternative Technology, CAT）那样，采用自然再生或林业技术对有限的区域进行集约化利用。

公园要能够吸引游客，这是巴黎拉维莱特公园获得成功的原因之一，在这个公园里，国家科学博物馆（the National Science Museum）的存在确保每年约有 500 万游客前来参观。英国唐克斯特附近的景点"地球中心"（the Earth Centre），则因为缺乏足够的吸引力而失败。巴黎贝西公园运转良好，因为它处于一个再开发区域的中心，凭借高档购物、咖啡馆以及相关的娱乐中心，吸引了本地居民以及大量的游客。它还营建了良好的社区和学校关系——当地的小学设有菜地。一座公园的吸引力并非天然具备的，许多郊区公园由于缺乏养护和管理方面的投入而未得到充分利用，一个成功的公园如果管理策略落后，也可能转而变得衰败。

成功又高效的公园在财务管理和成本结构方面各有不同。一般来说，法国和美国的案例比英国的案例成本高。例如，包括修复费在内，泰晤士河坝公园的建设每平方米花

费了 151 英镑，只大约相当于巴黎雪铁龙公园的 1/3，后者每平方米花费了 651 欧元。两者都是位于旧工业用地，且由同一位设计师阿兰·普罗沃斯设计。成本差异决定了设施强度的不同，这一点在今后的使用中自然会体现出来，因为付出得多，收获通常也会更多。

当然，低成本的公园也是可行的，但要降低使用强度，并采取修复措施控制而非清除场所的毒性。德国的做法是允许植被长时间地自然生长，这样也许在几十年的时间里人们都被要求不能进入公园。一旦公园像北杜伊斯堡风景园和其他的德国后工业化公园一样，在采取积极的管理手段后对外开放，也要求对它们只能低强度地使用（因为这样不用铺设很多道路，在景观方面也不用花费很多）。

一个城市公园的成本该如何计算？这个问题引出了下一个问题：怎么才算是城市公园？2011 年底对一些项目所做的每平方米建设成本的调查，形成了以下分类：

A. >200 英镑 / 平方米

高成本、集约利用的城市公园，拥有较高比例的道路、构筑物和水景，以及大量的建筑物和高水平的密集园艺，需要高品质的管理，比如巴黎的公园或芝加哥的两个案例——千年公园（the Millennium Park）和东湖岸公园（Lakeshore East）。

B. 100 - 200 英镑 / 平方米

中等成本公园，如伦敦的泰晤士河坝公园、波尔多植物园（Bordeaux Botanic Garden）或阿姆斯特丹的韦斯特加斯法布里克公园，此类公园也需要集约利用空间和高水平的维护，但与 A 类公园相比，各方面的要求相对没那么高。

C. 50 - 100 英镑 / 平方米

各种低成本公园，主要为林地和公园用地的开发，通常还含有大片的草地。实例包括巴塞罗那的"对角线公园"（the Parc Diagonal Mar）或格拉斯哥的罗滕罗花园（Rotten Row Gardens）。

D. < 50 英镑 / 平方米

成本很低的公园，拥有树林，设计简单，分阶段开发，其发展模式可以是生长杂草（自然再生），如北杜伊斯堡风景园；也可以利用志愿者或者廉价劳动力的参与，如威尔士替代技术中心。

E. 园艺节

在英国，园艺节从 1984 年到 1992 年每两年举行一次，会集中建设大型公园开放 6 个月，吸引上百万的游客。这些公园建在废弃的土地上，由于在过去的 60 年中英国缺乏大型公园设计，园艺节所建设的公园就近似于大型公园。费用方面，则从利物浦的 78 英镑 / 平方米到格拉斯哥的 350 英镑 / 平方米不等（数据已按照 2011 年通胀率更新）。

A. 替代技术中心位于一个后工业化场所，由一个慈善机构在长期、低成本的基础上以 30 英镑 / 平方米的价格开发
B. 唐克斯特的地球中心，一期的成本很低，为 35 英镑 / 平方米，但这一开发最终失败，因为它未能吸引预期的后续投资和国家彩票资助金
C. 北杜伊斯堡风景园，也位于工业旧址上，成本较低，只有 24 英镑 / 平方米，因为它的基本理念是促进植被的自然再生
D&E. 位于威尔士马汉莱斯的替代技术中心获得了成功，因为它采用了以较低成本逐步发展的理念
F. 北杜伊斯堡风景园
G. 替代技术中心的绿色屋顶，它就地取材建造，放弃使用昂贵的专利系统，因而成本较低

A

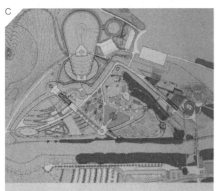

A. 泰晤士河坝公园，建在废弃的土地上，其修复费用通常会较高，但总体成本较低，为 151 英镑 / 平方米

B. 威尔士马汉莱斯的替代技术中心：使用沃尔特·西格尔（Walter Segal）所提倡的方式，对标准建筑材料如木材或面板尽量减少切割，并使用现场的肥料提高土壤生产力

C. 唐克斯特地球中心平面图

D. 在唐克斯特的地球中心开发之前，该地的旧煤矿已被填筑，所以一切都要从头开始

E&F. 北杜伊斯堡风景园很大程度上是一个保护项目，它的成本较低；有一条有人管理的通向钢铁厂的通道，但旧铁路车场被留着让植物在此自然生长

景观管理

作为景观设计师都要了解景观管理，这关系到初期开发工作完成后的现场工作。景观管理对于景观设计具有重要作用，比如与建筑业相比较，建筑师移交的是已基本完成的工作，而景观设计项目被移交（技术上之"工程竣工"），则只是项目的重要阶段，这一阶段是开放式的，还有后续的工作，还要进行相应的计划和投资。例如，如果花2000英镑买了一棵大行道树，却没有实施相应的管理，不经常检查树木的支撑桩，就难以确保它们没有磨坏树皮从而导致树干被真菌腐蚀，结果树木可能没过几年就死亡了，这样此项投资就很失败。

应尽早确定未来的资金来源。伦敦Docklands开发公司在1980年至1997年间为我们提供了一个很好的反面例子。首先，它没有意识到良好的基础设施建设，尤其是公共交通和开放空间在引导环境和城市经济发展方面的作用，也没有考虑到公司解散了会发生什么事，因此不仅出现了泰晤士河坝公园的冒险故事（参见第74页），而且还产生了更具普遍性的问题，就是怎么才能为公共领域包括道路、公园和开放空间的维护筹集到资金。

相比之下，德国国际园艺博览会（German Garden Festivals）一直拥有一个使用后的长期规划，通常是由公共部门投入资金。德国于1951年在汉诺威举办了第一次园艺博览会，其原址如今已成为面积达21公顷的城市公园。最近的一次园艺博览会于2011年在科布伦茨举行，总规划面积达48公顷，吸引了超过350万游客。

占地120公顷的伊丽莎白女王二世公园为2012年伦敦奥运会举办地，现在正由London Legacy Development Corporation建设，它的目标为每年900万游客（略超过法国拉维莱特公园的700万游客）。关于园林维护事宜将要签订合同，然而，其长期管理应该由伦敦市长还是由皇家公园（Royal Parks）负责还尚待决议，皇家公园是一个使用公共财政的中央政府机构。

景观管理

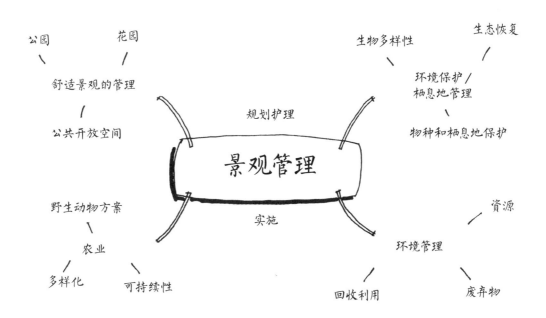

案例研究：英国米尔顿凯恩斯的公园基金会

由社区慈善机构进行的长期管理

米尔顿凯恩斯被称为"最后和最大的英国新城镇"，它拥有 19.5 万人口，面积达 211.99 万公顷，区内有 190 千米长的自行车道、120 千米长的带有路边茂密植被的公路系统和 1800 公顷带状公园，还有 2000 万株树木，这些使该地成为了一座"森林之城"。1992 年成立的公园基金会（the Parks Trust）拥有一个商业地产投资组合（写字楼、商店和工业大厦、酒吧、酒店以及一个水上运动俱乐部），可以为开放空间的管理提供资金。

公园基金会的关键工作是管理，其管理内容包括：325 公顷放牧着牛羊的公用牧场、57 个马场、121 个池塘，还有 3 块古老的林地，其中的一块是具有特殊科学价值的场所（Site of Special Scientific Interest，SSSI），以及 160 公顷的湖泊。基金会每年为公共开放空间的管理花费 400 万英镑，大约每天栽种 100 株树木和灌木，每年数以万计，以达到建设森林之城的目标。此外，它还安排了 4 位负责人主持一项学校、学前教育和成人教育计划。

最初的植物种植密度很高，以尽快产生效果，同时也制定了后续计划，快速生长的白杨和柳树将被加以稀疏，并最终被彻底移除。除草剂的使用受到限制，另外还有一个定期疏浚河流的计划，以防止其被植物堵塞。

维护工作由一个小型运营团队监督，它监督景观维护合同的执行和改善工作——景观承建商负责大部分维护操作，工作内容包括割草、除草、修剪灌木、修理树篱、矮林作业、修补树木、重新铺设休闲道路以及收集垃圾。基金会还建立了一个园艺学徒计划，2010 年雇用了 35 位当地景观承建商，这些承建商又转而雇用了 200 人。

这项活动的进行，不需要米尔顿凯恩斯议会的任何资金支持，这个慈善性质的基金会从其财产和投资资产中获得收益。

该基金会 2011 年所陈述的核心价值观值得在这里引述一下：

1. 卓越

我们承诺以对全部工作的高标准要求而成为行业领袖，专业、革新和创造力是我们成功的基石。

2. 诚信

我们相信与他人或其他组织交流合作时，应秉持开放、坦率和诚实的态度，并采取符合我们价值观的行为。

3. 合作

我们与他人合作，致力于建设更好的社会、培育长期合作伙伴关系并积极回应本地人士和本地组织的诉求。

4. 尊重

我们力求尊重每个人，关注每位成员的发展，无论是正式员工还是志愿者，我们都希望能挖掘其潜能、承认并祝贺其成就。

5. 责任

我们的职责包括：为子孙后代保护好环境；为我们所做的一切负责，包括任何决策的后果；同时充分利用我们的资源。

A. 米尔顿凯恩斯的主干道

B. 米尔顿凯恩斯就像由各种单一品种植物块状种植而形成的海洋，图示为围绕着威伦湖（the Willen's Lake）停车场的枸子和月桂

C. 米尔顿凯恩斯的威伦湖建于 1972—1974 年，它成功地在雨水排泄和休闲设施之间取得了平衡

伦敦码头区的私营部门较为注重总体规划和短期及长期的环境品质，因此，从一开始，Reichmann Brothers 公司对金丝雀码头的开发就考虑到了维护成本。提供合理的公共区域维护管理所需的服务费每平方米只要几便士，公共部门的规划师所面临的挑战，就是确保这一收入来源从一开始就得以设立。这一工作可以在规划过程中完成，长期开发商不同于投机开发商，他们也希望从一开始就这样做。伦敦较大的地产企业都是长期的城市开发商，比如拥有很多上流社会住宅区的 Grosvenor Estate、拥有布鲁姆斯伯里的 Bedford Estate、拥有摄政街和摄政公园的 Crown Estate 和拥有樱草山的 Eton Estate。

一开始，需要供给土地管理费用的两个经济项目是林业（一般来说时间尺度是 50-100 年）和农业，但这两个行业在它们的投资上都取得了切实的经济回报。与此相似的私营企业是商务园区，其环境的改善会以租金保持稳定或有所增长的方式带来可持续的经济回报，因此许多属于私营企业性质的房地产开发商很重视良好的环境维护所能带来的升值作用。

英格兰和威尔士国民托管组织为我们提供了一个为长期管理和维护融资的成功先例。它是一个慈善组织，旨在永久地维护历史和自然遗产，因此，每当接受新的地产时，它总是要求同时有一笔捐助来继续维护该历史遗产，这笔捐助通常是以周边农田的形式，但有时是以基金的形式。国民托管组织目前已成为英国最大的土地拥有者之一。

公园和花园的维护需要计划，维护站的理想位置应该在中心区域，一些景观设计师往往是到了总体规划后期才想起要设置维护站，或者一开始设计时把它隐藏在外围了。如果将植物的繁殖计划安排在场地现场，就应该设计温室和存放区，当然也要有安全的建筑物来储存机械和化学品。安全问题固然很重要，但不意味着维护站和温室就要远远地被隐藏起来，例如国民托管组织属下很多地产的苗圃和温室是向公众开放的。

伦敦许多私有的"公共空间"每天用高压水管冲洗，以保持道路清洁并清除口香糖。虽然其所需资金能到位是件好事，但就可持续性而言，这样使用饮用水是否明智仍值得商讨，但伦敦只有一个饮用水供应系统，相比之下，在巴黎，公园的灌溉水来自一个独立的、非饮用水的供应系统。

荷兰率先决定在公共公园和开放空间不使用农药，这个从1984年的阿纳姆开始实施的计划来之不易，当时是出于政治原因，几乎是很突然地就作出了实施无农药维护系统的决定。以无农药为基础的管理要求所有员工接受无农药技术培训，同时也要求公众接受由此而来的不同结果，因为有一利必有一弊，任何问题都有相对性的另一面。

A. 金丝雀码头
B. 使用饮用水进行高压水冲洗是对稀缺资源的浪费，图示为伦敦金丝雀码头
C. 荷兰瓦赫宁根，实施无农药管理的路边草地

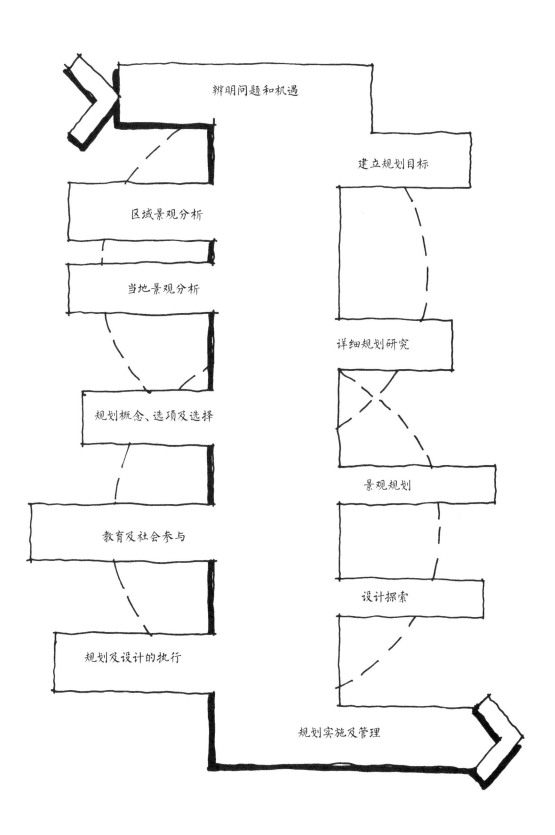

辨明问题和机遇

建立规划目标

区域景观分析

当地景观分析

详细规划研究

规划概念、选项及选择

景观规划

教育及社会参与

设计探索

规划及设计的执行

规划实施及管理

案例研究：荷兰阿姆斯特尔芬的蒂济公园

一个仔细维护的公共公园

阿姆斯特尔芬位于阿姆斯特丹外围，是一个相对较小的郊区城镇。这里实施了一项房屋和绿地一体化的政策，并拥有 16 个这种被称为 "heemparken" 的一体化公园（在荷兰总共大约有 170 个实例）。这些公园保持成功的关键是其管理方式，它们如今的设计形式很大程度上是基于管理实践逐步发展植物群落而得出的结果。

雅各布斯·彼得·蒂济是一位荷兰教师和自然资源保护者，他撰写了许多植物和鸟类指南方面的著作。由于他对于一些自然保护组织的成立帮助甚多，因此被称为 "荷兰生态运动之父"。 1925 年他在布罗门代尔建立了一个名为 "蒂济浩弗"（Thijsse Hof）的面积为 2 公顷的公共性示范园林，表现了肯内梅尔兰沙丘（Kennemerland dunes）的生态环境类型，由园林建筑师伦纳德·施普林格（Leonard Springer）设计。

蒂济公园始建于 1940 年，其设计原则是通过在易于识别的植物群中进行种植，来表现一种自然栖息地植物群，它是依照这一原则建立的第一个较大规模的公园。蒂济公园是荷兰第一个 "heempark" 公园，这种公园的概念是由蒂济公园的景观设计师 C.P. 布罗塞（C.P.Broerse）于 1946 年首先提出的。

该设计包括一系列由树木和高灌木围绕的封闭空间，相互之间景色相连。它沿着霍恩斯鲁特圩田（Hoornsloot，一条宽阔的圩田式运河）展开，其种植设计和维护的技巧体现在对本地植物的选择上。植物种类具有原生泥炭地植被特征，并且可供教育展示因此有单一品种植物集中种植的形式。树木时常要加以稀疏，以确保阳光照射到植被的地面层。

公园内的景物布置风格浪漫而自由，拥有一系列相互联系的空间，这些空间的大小不同，点缀着水池和沟渠。公园的构图主要由植物完成，路径蜿蜒，创造了不同的视点；树木和高灌木掩映，形成一块块屏障遮住风景，当你穿过树林，从一个空间来到另一个空间时，不同的景色将展现在你面前。由于这种空间布局和种植设计，公园看上去比实际上更广阔（实际上公园占地只有 5.3 公顷，大部分区域才 50-100 米宽）。总之，独特的空间处理方式营造出了独具特色的花园效果。

通道是在牢固的基础上铺设砂石形成，没有做边缘处理和上层铺砌，400 毫米见方的预制混凝土踏脚石有大块骨料外露。池子东边以木板封边，西边则是以粗壮的树干为边，其中的水是圩田里常见的静水，氮含量较高导致池水颜色较深，底部不清晰可见。池上的桥大多是单层木板，没有扶手，因此在通过时，一种冒险的喜悦感油然而生。较大的池子用来饲养黑水鸡，池子的水位高于霍恩斯鲁特，有简单的木质堤坝，在水位较高时可用网状物拦截树叶和浮木。

一个 5 公顷的花园配有 5 位员工，进行集约化管理。事实上，园丁和管理者引导了设计，例如，首席园丁制定了一项 "无锄" 政策。园中有一个杂乱的小屋和封闭的储存区，记录本月植物的笔记本放在屋里门梁上。当然，因为不使用化学品（除草剂和杀虫剂），所以除草以及植物移植全部由手工完成。经常需要对植物加以修剪和稀疏，以确保光线穿透到地面，这对分层种植是非常关键的。种植的效果显得很自然，但事实上，这是一个维护良好的人工园林区。

A. 蒂济公园为荷兰泥炭地沼泽植被的代表

B. 园丁是功劳最大的英雄,几乎所有的花园维护都由他们手工完成,不使用农药

C. 树木的生长得到精心控制,使光照能到达地面。步道经过一系列晦暗封闭的区域后,会通向光线充足的区域

D. heempark 西边更为开放的区域之一

E. 水色很暗,土地多为沼泽。水渠每年进行手工轻度疏浚,每 30 年使用机器疏浚一次,最近一次是在 2012 年。桥梁使用了朴素的窄板结构

第6章
教育与就业

位于英国肯特的哈德劳大学的植物识别指导课

本章将从接受预备教育时需要做什么开始, 介绍成为职业景观设计师的过程, 然后将介绍不同的大学课程以及谋取全职工作的方法

申请大学课程

景观设计学是一门横跨科学和艺术的学科, 因此, 如果你的艺术、地理或生物学专业学习在学校处于较高水平是件好事。有些学校可能不给理科生提供艺术学授课, 期末考试也不考艺术学, 在这种情况下, 你应该通过上夜校或暑期课程来特别发展你的绘画技巧。

中学毕业之后, 你可以申请在大学学习景观设计, 但在很多国家, 你也可以在攻读其他学位之后再申请攻读景观设计的学位。上一个学位的跨度范围较大, 从科学到艺术, 从地理和环境科学到美术和服装设计都有可能。

在向大学提出申请时, 你要用自己的作品集来证明你具有全方位的艺术和设计能力。一些申请人错误地认为招生导师只是想招收能绘制专业标准的种植计划或施工图纸的学生, 其实并非如此, 实际上大多数导师都在寻找更具有设计潜力的学生, 考察内容可能包括学校的艺术项目、摄影、服装设计和申请者所拍摄的他们曾经建设或工作过的花园的照片, 以及插花、绘画作品等等。作为格林威治大学的招生导师, 我们要求申请者向我们展示三维空间中三维形式的手绘线图——例如, 厨房内一张放置有杯子和碟子的桌子——因为空间设计是景观设计之关键。请注意, 招生导师并非很重视你的制图能力, 无论是数字式还是手绘式的, 因为这通常会在大学课程上教授。不过, 他们会希望你已具备常规的计算机应用方面的素养。

申请人应该通过展示自身的阅读经验和对景观设计及园林设计项目的访问, 证明自己对于景观设计学的兴趣, 在景观设计师的工作室积攒些工作经验也会很有好处。你还应该参加由专业的景观建筑协会举办的讲座和研讨会, 请记住, 大多数招生导师正在寻找适合培养的探究型智慧人才。各国的大学课程性质有所不同, 但通常它们都是:

· 50% 的设计基础, 在设计工作室教授;
· 25%的理论: 建筑和园林的历史、生态学、地球科学;
· 25%的技术: 技术制图、数字化设计、园艺、构造。

A

B

C

实地考察和修业旅程能使学生理解景观设计的含义。
A. 伦敦实地考察, 访问位于联合大街 (Union Street) 的一处临时花园
B. 荷兰格雷伯博格, 眺望莱茵河
C. 巴黎实地考察, 访问雪铁龙公园

制作一份自己的作品集是职业生涯的一部分。可以
从为了面试整合一系列技能开始

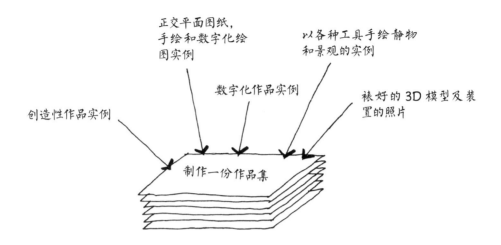

正交平面图纸，
手绘和数字化绘
图实例

以各种工具手绘静物
和景观的实例

数字化作品实例

裱好的 3D 模型及装
置的照片

创造性作品实例

制作一份作品集

- 了解你为什么需要一份作品集
- 作品应简单裱好并加上标题
- 只包含令你觉得自豪的作品

- 以可流利陈述的序列编排作品
- 不要为作品加上塑料保护套
- 一些机构对于申请者的作品集要求严格, 有些会
要求提交电子稿

典型的景观设计课程

设计课程通常占设计工作室教学量的 50%, 技术与理论教学为其提供支持。

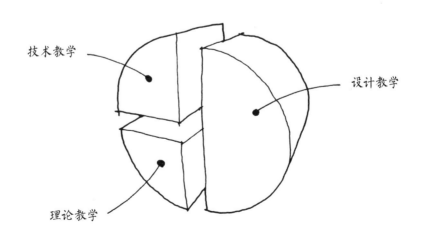

技术教学

设计教学

理论教学

在景观设计作为一个职业建立稳固地位之前，想从事景观设计的人需要为自身构建一个教育框架。例如，博德范·格鲁菲兹（Bodfan Gruffydd）在去新西兰担任新西兰城市规划协会（New Zealand Town Planning Institute）秘书之前，于 20 世纪 30 年代在英国萨里郡威斯利的英国皇家园艺学会（the Royal Horticultural Society）学习过园艺课程，后来他回到英国，在威尔士的班戈完成了园艺课程。在第二次世界大战期间他申请成为景观建筑师协会（Institute of Landscape Architects）的一员，并成立了私人景观建筑设计事务所，事务所最初设在威尔士，后来搬到了伦敦。20 世纪 50 年代初，他成为克劳利新城的景观设计师，并于 1961 年参与了切尔滕纳姆学院（Cheltenham）景观设计课程的设立工作。后来，他成为景观建筑师协会的主席并负责天福镇新城（Telford New Town）的总体规划。像他这种"在工作中学习"的人，通常有园艺学或建筑学的基础，是典型的 20 世纪 40 及 50 年代英国景观设计师。

现在许多国家的景观设计专业都设有专项课程，这些课程通常是持续 5 年时间。这是 20 世纪初在美国各个常春藤大学里建立起来的一种模式，包含了 3 年制学士学位和随后的 2 年制硕士学位，该模式现已成为大多数国家的标准模式。

这一模式在英国略有不同，英国的 3 年制学士学位课程后面接着是一个 1 年制专业文凭或硕士学位课程。高等专业学院也有设置 4 年制学位课程的，如德国的应用科学大学（Universities of Applied Sciences）。一个有趣的变化是，阿姆斯特丹的建筑学院提供了一个 4 年制在职硕士学位（基于自愿的原则），还有一个更为传统的 2 年制国际硕士（International Master, IMLA），由巴登-符腾堡州的经济与环境工程学院（Hochschule für Wirtschaft und Umwelt Nürtingen-Geislingen, HfWU）和位于慕尼黑南部巴伐利亚州的魏恩施蒂芬—特里斯多夫酒店学院（Hochschule Weihenstephan-Triesdorf, HSWT）运作。

正如前面提到的，大学毕业生也可以通过 2 或 3 年的硕士"转化"课程转到景观设计专业，不过和其他地方相比，这种方法在美国和英国更为常见。在美国，这些"转化"的硕士被称为景观建筑学硕士（Master's of Landscape Architecture, MLAs）。在欧洲大陆只有少数这样的转化课程，像是在萨克森-安哈尔特的克滕的安哈尔特酒店学院（the Hochschule Anhalt，使用英语和德语教学）。在苏黎世瑞士联邦理工学院（Zurich ETH/the Swiss Federal Institute of Technology）还设有一个 1 年制硕士课程，但仅限于建筑和景观设计专业的毕业生。意大利佛罗伦萨大学（The University of Florence）也为建筑学毕业生提供了一个为期 2 年的硕士转化课程。

该选择哪一种课程呢？建议你最好是看看毕业生的作品（如在网站上和任何年度展览上）、参观学校并查阅大学指南。在艺术或建筑学校里，既有非常讲求科学性的课程（很多波兰和俄罗斯的课程设置是这样的），也有主要以设计为基础的课程，或主要以园艺学为基础的课程。俄罗斯学校强调林业，有一个莫斯科景观学校就设在林业大学里。

同样值得关注的是一所学校里是否进行研究工作，因为这可能有利于教学，例如，在欧洲，瓦赫宁根大学、谢菲尔德大学和苏黎世联邦理工学院都以它们的研究而著名，就像是哈佛大学、麻省理工学院和伯克利大学在美国很著名一样。你最好是能访问该校并与在校生交流一下，大学教育指南还可以从许多国家景观建筑协会中获得。这些国家机构的详细信息可查询国际景观设计师联盟（IFLA）的网站: www.iflaonline.org/。在景观建筑学校欧洲理事会（European Council of Landscape Architecture Schools, ECLAS）的网站（http://www.eclas.org/universities.php）上列有一份相对全面的欧洲学校的清单。在美国景观建筑师协会（ASLA）的网站（http://www.asla.org/schools.aspx）上列有一个北美洲学校的名单，它包含了美国和加拿大的学校。在勒·诺特网站（Le Notre Website，一个欧洲的校园网, http://www.le-notre.org/public/member-schools-universities.php）上列出了一份较新的世界范围内的学校清单，但这份清单不是非常完整。

此外还可以去访问每个国家的景观建筑协会来寻求建议。

数字化设计如今已被列为正式课程，而且它也可作为成果被其他设计单位使用

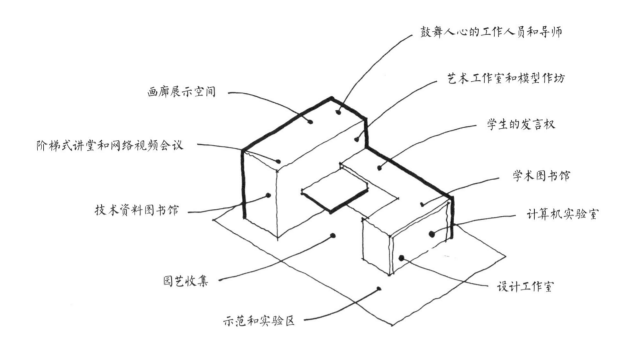

你需要培养的能力是

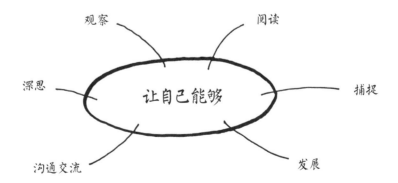

非洲：

在非洲，景观设计教育的发展除南非之外相对落后。事实上，据我们所知在整个北非地区没有景观设计学校，包括埃及。在南非，目前有 3 所大学是被国家注册机构南非景观建筑专业委员会（the South African Council for the Landscape Architectural Profession，SACLAP）认可的，另外还有两所在等待认证的学校。在开普敦大学（University of Cape Town）有一个为期两年的转换制景观设计学硕士；在赞比西河以北的内罗毕的乔莫·肯雅塔农业技术大学（Jomo Kenyatta University of Agriculture and Technology）里似乎已建有两个课程；另外，在坎帕拉的乌干达殉道者大学（Uganda Martyrs University），设有一个景观设计学硕士学位，是追随环境设计学士学位而设的。国家层面的景观建筑师协会在肯尼亚（为建筑师协会的一部分）、摩洛哥、马拉维和尼日利亚以及南非都已经成立。

亚洲：

在亚洲，许多国家协会都会列出学校的名单。在过去的 20 年里，名单增幅最大的是中国，它现在有大量的景观设计学校，联系中国风景园林学会（Chinese Society of Landscape Architects）可获得详细信息（www.chsla.org.cn）。在中国台湾（www.clasit.org.tw/）和中国香港（http://www.hkila.com/v2/）还有一些独立的协会，在香港大学有一个转换制的景观设计学硕士学位。在中国大陆，用于搜索景观设计类学校的英文网站是中国大学招生系统（CUCAS），网址为 www.cucas.edu.cn/，它主要是针对国际学生设立的，另外也可向中国风景园林学会了解详细情况。CUCAS 列出约 70 个景观设计学校的课程，但是这只是选择性的罗列。相比之下，成立于 2003 年的印度景观建筑师协会（Indian Society of Landscape Architects，www.isola.org.in/site/about）仅列出了 4 所学校。在东南亚，泰国、韩国、马来西亚、印度尼西亚和菲律宾有景观设计教育。再往西，在伊朗和中东地区，现在有一些学校，包括体系完善的贝鲁特美国大学（American University of Beirut），沙特

阿拉伯也有几所，在巴勒斯坦拉马拉有贝尔赛特大学（Birzeit University），在海法有以色列理工学院（The Israel Institute of Technology）。

通常考虑课程选择时，你应先从国家协会获取最新建议。

大洋洲：

在澳大利亚和新西兰有较全面的学校清单，在那里至少自 20 世纪 70 年代以来这个专业就已经很好地建立起来了。澳大利亚景观建筑师协会（The Australian Institute of Landscape Architects，www.aila.org.au/）已经认可了 8 所大学的课程；新西兰景观建筑师协会（the New Zealand Institute of Landscape Architects，www.nzila.co.nz/become-a-landscape-architect/how-can-i-become-a-la.aspx）同样也认可了 3 所大学的课程。

中美洲和南美洲：

巴西是南美洲最大的国家，遗憾的是，其国家性质的专业机构"巴西景观建筑师联盟"（the Associação Brasileira de Arquitetos Paisagistas，ABAP，http://www.abap.org.br/index.htm）到目前似乎还没有一一列举学校的名单，但在圣保罗大学（the University of São Paulo）是有景观设计学课程的。在阿根廷有 4 个本科层次和 8 个研究生层次的学位课程，它们被列在阿根廷专业机构"阿根廷景观建筑师联盟"（the Centro Argentino de Arquitectos Paisajistas，CAAP）的网站上，网址是 http://www.caapaisajistas.org.ar。在智利，智利景观建筑师协会（the Instituto Chileno de Arquitectos del Paisaje，ICHAP）列出了 7 所学校，网址为 http://www.ichap.cl/links.php。而在哥伦比亚，哥伦比亚景观建筑师协会（the Sociedad Colombiana de Arquitectos Paisajistas，SAP）列出了 7 个本科层面和 1 个硕士层面的学位课程。

欧洲：

国际景观设计师联盟（IFLA）欧洲分会和各国的协会一起运行了一个学校认证系统，并列出了一张各国的学校清单，总共包

括 50 所学校。例如，德国的 19 所学校中的 7 所，英国风景园林协会承认的 15 所学校中的 4 所。该一认证是不全面的，因为认证申请基于自愿。目前还没有很全面的全欧洲清单，所以建议学生多接触本国的国家协会。景观建筑学校欧洲理事会的网页（www.eclas.org/study-programmes-courses.php）列举了大部分西欧的景观设计课程和学校，不过，它对于俄罗斯和其他独联体国家的覆盖是不完整的。ECLAS 的清单还包括了研究机构，所以要注意与各学校核实，并非列出的每一所学校都提供本科教育。在 2008 年，IFLA 欧洲分会的一个发起人进行了一项更为全面的调查，共列举出了横跨整个欧洲大陆的 125 所学校。

北美洲：

美国景观建筑师协会网站上的教育版块（http://www.asla.org/schools.aspx）列举了美国的景观设计学校，大多数州都至少有一所学校，这些学校都是通过景观建筑认证委员会（the Landscape Architectural Accreditation Board，LAAB）由职业协会 ASLA 认证的。LAAB 是由美国职业协会运作的，这个职业协会同时审查 5 所由加拿大景观建筑师协会（Canadian Society of Landscape Architects）认可的加拿大学校，包括在蒙特利尔大学（Université de Montréal）内设的专业学校，不过该校使用法语。发放许可证（登记注册）是各州独立的系统。景观建筑教育委员会（The Council of Educators in Landscape Architecture，CELA）另外还公布了一个学校的名单，包含了北美洲的学校和几所其他洲的学校，网址是 http://www.thecela.org/school-list.php?alpha=u。

不同院校拥有不同的工作室空间，很多是多功能可变空间而不是专门的工作室。

A. 里尔建筑与景观学院（Lille School of Architecture and Landscape）的沙雷特工作室（Charette studio）：在为期一周的城市规划研究中，来自于里尔和格林威治的学生日以继夜地分组工作

B. 技术绘图课上使用了绘图板

C. 伊斯坦布尔技术大学（Istanbul Technical University）一年级的设计工作室

以指导植物识别和苗圃参观为起点, 发掘学生对于植物和园艺的热情, 并且通过对施工场和专业园林的实地考察来增强这种热情。

A. 学生们考察海勤苗圃, 它为 2012 年伦敦奥林匹克公园提供了大量的修剪绿篱植物

B. 植物"识别"向同学们介绍植物的拉丁语命名和物质形态, 并设有常规植物鉴别的考试

C. 检查半成熟的苗木, 并讨论如何选择树种

D. 身为园艺家的讲师能教给学生对于设计和管理的清晰洞察力

162

实习及工作

实习

在北美，像美国国家公园管理局这样的政府机构运作了一个完善的实习课程，这个制度也被一些私人公司所效仿：例如，SWA 和 EDSA（两者皆为景观设计事务所）的岗位实习都有着良好的声誉。尽管荷兰国家林业服务部在其景观设计部门提供实习机会，但是由机构系统提供实习机会的做法在其他地方并不常见。此外，工作经验更易于通过个人特殊实践而获得。在 IFLA 欧洲网站上发布了一个综合性国际实习指南（http://europe.iflaonline.org/?ck=2012-6-5-15-49-2）。

工作

通常潜在雇主们都更愿意接受以邮寄形式提出的申请。无论你是求职还是申请一份短期的无薪实习，在发送求职信的时候，只需准备一份两页的简短简历，并用 A4 纸展示一些个人的绘图作品（比如6、7个案例）。请注意不要首选电子邮件投递，因为景观设计师都是大忙人，而用电子邮件发送的材料附件需要花费时间来下载，而且事实上很多人都不会接收来自未知发件人的超大附件。信件地址上应明确写出收件人的名字，最好是寄给事务所的主要负责人。如果你准备去参加面试，事先要进行一些演练。尽管申请者都很希望能收到申请被批准的通知，但这确非易事，因此对被拒绝应有心理准备。

在很多国家，大学的学年是从 9 月持续到 6 月，所以申请工作的较好时段是在 9 月或 10 月（8 月往往不宜申请），或者在从 1 月到 4 月的年初，因为这个时间段应届毕业生不会被录用。如果你即将毕业，那么找一份夏季实习岗位是个不错的策略，之后你可以作为一名景观设计专业毕业生在秋季寻求一份固定职位。

不同的事务所擅长不同形式的工作项目，从花园项目、环境评价到环境顾问。通常说来，如果能从头至尾地跟进一个项目是很好的，这样你就可以领会从项目初期到现场施工的全方位工作内容。

实习生在事务所结构中的位置

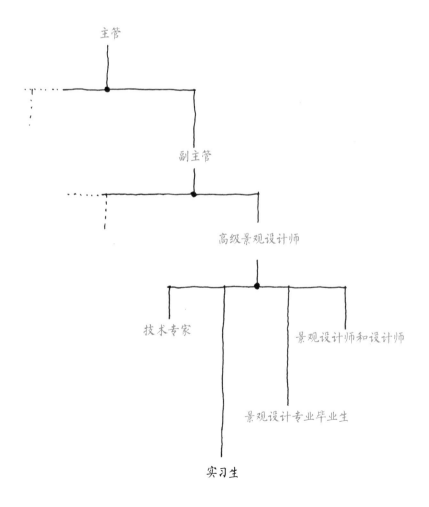

个人创业

不是每个人都想为别人工作，特别是转换专业的毕业生面临改变职业的问题时，他们可能更希望建立一份自己的事业，而景观设计对于个人创业来说是非常适合的，因为这份事业只需要一或两个人就能开展。

应该如何开始创业呢？战略规划对任何市场营销和品牌定位都是至关重要的，这就需要对市场有清晰了解，并知道你能为它提供什么。例如，在写此书的时候，英国的新住房建设项目很萧条，但还是存在一个与富裕的俄罗斯和中东富豪的房地产项目相关的市场，特别是如果景观设计师在古典园林、旧建筑保护、种植设计和可持续发展的工作上有较好的声誉，就更容易获得这些项目。经济衰退是个人创业的好时机，你的创业行动可能由自由职业者或教学工作提供支持，而参加一些公共设计比赛则有利于建立业界声誉。伴随着人口的增长，当经济从 2008 年后的低迷中复苏时，新建住房市场会出现不可避免的增长。美国劳工统计局（Bureau of Labor Statistics）预测在 2010-2020 年这 10 年里，已成熟的建筑行业需求将会增长 16%(www.bls.gov/ooh/Architecture-and-Engineering/Landscape-architects.htm)。因此，市场研究对于你个人事业的生存和发展是至关重要的，对于目前的市场情况以及在未来何种市场会被开发你要有清晰的概念。在英国为未来计划的投资项目包括高速铁路，在苏格兰和威尔士，包括已关闭铁路的重新开放。由于环境影响评价对于此类项目非常重要，因此在视觉评价或噪声限制方面会存在市场商机，这样你就可能在大企业找到咨询顾问的工作。

近年来中国、印度和巴西的经济一直在增长，在这些经济体中，所面临的部分挑战是需要让市场确信，景观设计专业及其所能为可持续发展问题提供的相关建议，无论是对于私人开发商还是对于政府部门的开发商来说都是很重要的。在中国，所需要面临的另一挑战是确保咨询服务确实有价值。

"筹备"便携式办公室

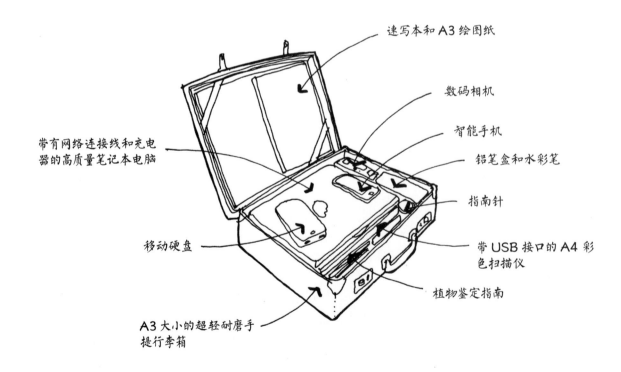

速写本和 A3 绘图纸

数码相机

智能手机

铝笔盒和水彩笔

指南针

带 USB 接口的 A4 彩色扫描仪

植物鉴定指南

带有网络连接线和充电器的高质量笔记本电脑

移动硬盘

A3 大小的超轻耐磨手提行李箱

市场营销

在大多数国家，直到 20 世纪后期，针对任何职业的主动营销通常都被认为是不恰当的。设计委托任务的获得，一般是通过提交方案参加竞赛，通过将名称列入专业注册名单和网络，例如加入当地的商业组织、商会和慈善机构，还有就是通过登记至电话号码簿。在 20 世纪 80 年代，由于新型自由市场思维的产生和促进竞争的普遍愿望，情况发生了改变。如今在许多国家，所有职业都可以做广告，并且规则就是以具有竞争力的咨询费投标——尽管这样做的缺点是往往报价最低的会胜出，而最便宜的却并不一定是最好的或最合适的。如今，营销在景观设计师的年度开支中已经占了显著比例，此类市场营销所要做的可能远超过做一本宣传

册或建立一个网站，它需要建立一种品牌标识，以反映出一家私人事务所的特别之处，例如该事务所独具的价值观、创意、设计知识、经验和理念等内容。不过，高质量品牌也不能弥补工作进度安排、预算以及与客户相处等方面的不足。如果你已经确定了一份预算和一个时间表，那就必须予以执行。当然在此之前，首先要确保预算是充足的、时间表是可行的。

网络自始至终都很重要，要多多寻求与潜在客户的接触，多参加由机构为潜在客户们组织的会议，这些潜在客户包括政府部门、开发商、铁路运输组织、博物馆、历史性建筑管理单位以及教育部门等等。

在会议或商贸展上，提交一篇论文通常

比仅购买一个展位更有利于宣传自身技能。同样，发表文章和论文是宣传广告的优选形式，因为无论你是作者还是文章的主题，它们都允许你详细解释你所做的工作。

对事务所负责人而言，每年都花一些时间抽离办公事务，与外界良师一起审视未来的进展和计划，将会是个好主意。

Olin 是由劳丽·奥林（Laurie Olin）教授创立的一家总部位于费城和洛杉矶的中型景观设计事务所，拥有 87 位职员。该事务所已监管过一些项目，如纽约布赖恩特公园（Bryant park）和华盛顿特区的华盛顿纪念碑景观（Washington Monument landscape）。2005 年他们任命克里斯·汉利（Chris Hanley）为首位技术总监。现在他们有自己的维基百科，叫做知识库，可能会对外开放订阅。Olin 定期举行新设计工具研讨的内部教学，因为业界使用的软件通常是基于建筑实践而设计的（这是行业标准），所以他们不断对软件加以改造以适应景观设计专业。克里斯·汉利说："我们不会让工具主宰我们的设计。"Olin 的工作团队使用了像 Python 和 Rhinoscript 这样的开发语言来改编设计软件。劳丽·奥林还以美国 Gehry Technologies 公司董事会委员的身份，于 2011 年底全力倡议，旨在进一步发展 BIM（建筑信息模型）和完整的项目交付（Integrated Project Delivery），以便"提高建设产业和设计行业的效率"

案例研究：泰晤士河景观策略

文化景观及长远规划

金·威尔基（Kim Wilkie）在牛津大学学习过现代史，后又在加州大学伯克利分校学习过环境设计，1989年他回到英国成立了自己的景观事务所。出于对文化景观的热爱，他为泰晤士河规划了一份"百年蓝图"（100-year blueprint），提出了沿泰晤士河建设从汉普顿到邱园的公共空间的建议，他认为这样可以为泰晤士河景观这一文化载体和包含历史及美学价值的独特区域增值。他把该景观描述为点缀着"精巧船坞"的"由宫殿、别墅和公园等构成的田园景观"。

威尔基之所以选择泰晤士河位于汉普顿和邱园之间的这一段，是因为他将这里视为"英国景观运动的摇篮"，特别是在里士满山（Richmond Hill）所看到的景色（见右页图）。沿着河流的这个部分，分布有一系列重要场所，如邱园植物园（the botanic gardens at Kew）、广阔的里士满和布歇公园（Bushey Parks）、里士满宫（the palaces of Richmond）和汉普顿宫（Hampton Court），以及塞恩公园（Syon Park）、马布尔希尔公园（Marble Hill Park）和汉姆庄园（Ham House）等历史建筑，另外还有其他的重要建筑如位于汉普顿的加里克别墅（Garrick's Villa）以及教皇的草莓山庄（Pope's Strawberry Hill）。

威尔基的这一提案是在1991年为英国皇家艺术委员会（the Royal Fine Art Commission）所做的一次名为"泰晤士河连接"（Thames Connections）的展览上首次提出的。这一展览引来了另一个中央政府机构即现已改名为"自然英格兰"（Natural England）的英国乡村委员会（the Countryside Commission）的委托，转而导致了"泰晤士河景观策略"（the Thames Landscape Strategy）在1991-1994年得以制定。它覆盖了从汉普顿到邱园的长达20千米的河边用地，尤其侧重于历史景点、道路和远景。该提案在1994年发布之后，被国家环境国务大臣、中央政府部长采纳为沿泰晤士河规划政策的框架。事实上，该规划被向东一直延伸穿过伦敦直达泰晤士河口，它被描述成一项"百年愿景"（100-year vision）（100年也正是景观设计师对景观项目设置的最短时间）。该规划还被与泰晤士河水道规划（Thames Waterways Plan）和市长蓝带网络（Mayor's Blue Ribbon Network）一同实施。该项工作一直持续着，至今已跨越快30年，泰晤士河景观发展策略如今是由5个地方议会共同支持的一个国家层面上的"实时规划论坛"（live planning forum）。

威尔基认为泰晤士河是"非凡的景观"，并开始策划景物，这项工作有时很简单轻柔，就像微风吹拂过柳枝并轻轻拍打着日本紫菀一样，有时又会加入像几英里长的林荫道这样的新内容，有时会停止对新建筑的规划许可，有时则又鼓励新的发展以实现一种"建造和未建相间的节奏"，这也是出于想"将环境视为减缓洪水廊道加以认真对待"而作出的举措。

这项景观策略也导致21世纪要开展更多的项目，其中包括努力恢复泰晤士河沿岸原始洪水草甸的阿卡迪亚田园项目（Pastoral Arcadia），它旨在保护环境，解读和恢复里士满山的俯瞰景色以及里士满洪水景观（Floodscape in Richmond）。正如金·威尔基建议的，"这项研究的可达性和当地社区的支持及持续参与意味着，至少这一次，景观特色成为了规划决策和资金投入的基础"。

A. 鸟瞰分析图，分析了河流在艾尔沃斯（Isleworth）延伸段的景观特色，从国王天文台（the King's Observatory）俯瞰至沿河的景观（红色）
B. 阿卡迪亚田园项目的目的是保护环境和提升从里士满山上俯瞰的景色
C. 景观的格局沿着和围绕泰晤士河展开，通常依着行政区域的划分，金·威尔基的研究将它们视为一个文化整体，正如他所说的"只有努力了解这些元素与以往聚落的记忆和传说是怎样相互作用的，我们才能梳理出'教皇的守护神'（Pope's genius loci）这一场所精神"
D&E. 里士满山漫步景色规划前后的对比图。有时候变化很小，只是简化、整理和去除杂乱的市政内容

A

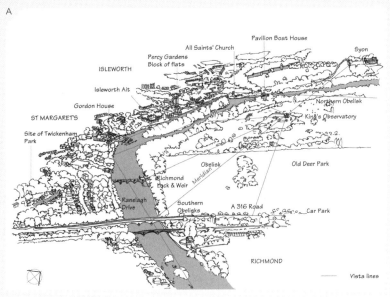

ISLEWORTH
ST MARGARET'S
Site of Twickenham Park
Gordon House
Isleworth Ait
Percy Gardens Block of flats
All Saints' Church
Pavilion Boat House
Syon
Northern Obelisk
King's Observatory
Obelisk Meridian
Old Deer Park
Richmond Lock & Weir
Ranelagh Drive
Southern Obelisks
A 316 Road
Car Park
RICHMOND
Vista lines

B

C

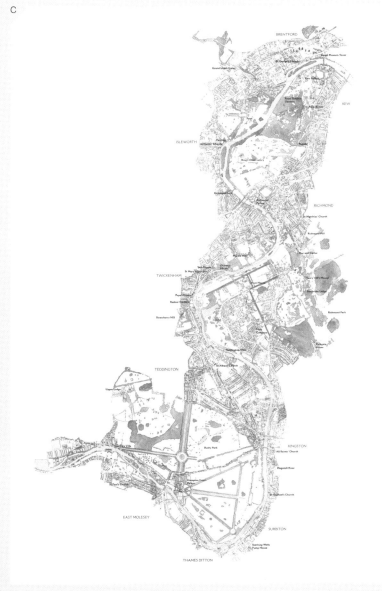

BRENTFORD
KEW
ISLEWORTH
RICHMOND
TWICKENHAM
TEDDINGTON
KINGSTON
EAST MOLESEY
SURBITON
THAMES DITTON

D

E

职业地位报告：职业的全球化之路

景观设计在国际上通常有两种职业建立模式：拥有国家注册证书或执照（这是美国的惯例），以及没有国家注册证书，无称号保护，但是被政府和其他行业所接受和认可。称号保护是指限制对"景观建筑师"这一术语的使用，只有国家注册景观建筑师才能使用该名称。

在美国，国家执照在联邦的 49 个州中都可申请，也必须要申请之后才能在这些州开展设计项目。有两种形式的国家执照：大多数州相关的执业法案，禁止未注册人士自称为景观建筑师或从事该行业。也有少数州是例外的——马萨诸塞州、缅因州和伊利诺伊州——在这些州有一个称号法案，依据该法案未注册人士不能使用景观建筑师的头衔，但仍可做景观建筑工作。相比较而言，执业法案是一种更强的保护，从业执照的发放基于景观建筑注册委员会（Council of Landscape Architectural Registration Board）的指导，需要拥有相关的教育及工作经验，并且要通过景观建筑师注册考试。

在一些欧洲国家也设有国家级注册证书，如德国、荷兰、奥地利、匈牙利、捷克、斯洛伐克以及意大利（名义上），其中大部分国家都有纯粹基于教育背景的国家注册。在德国，该系统是建立在各联邦州层次之上并通过建筑师协会进行登记。在匈牙利还有对工作经验的要求。在意大利之所以说是"名义上"的状态，是因为该国要求"全国建筑师、规划师及景观设计师保护协会"（the Consiglio Nazionale degli Architetti, Pianificatori, Paesaggisti e Conservatori, CNAPPC）的成员必须拥有硕士学位，而在景观设计专业中通向硕士层次的完整的本科课程教育只是在 20 世纪 90 年代才刚刚推出，因此这种要求令人反感，它导致的结果是意大利国家风景设计协会（the Associazione Italiana di Architettura del Paesaggio，AIAPP）的景观建筑师成员们不能注册进入国家协会，

而建筑学硕士课程的毕业生却可以。

其他地方的情况是，在中国香港有一个景观建筑师注册委员会，是根据 1997 年《香港景观建筑注册条例》（the Hong Kong Landscape Architects Registration Ordinance），针对中国香港特别行政区而设立的（http://www.larb.com.hk/First_Page.htm）。在南非，专业会员身份与南非景观建筑专业委员会（www.saclap.org.za）相关联。

另一种模式可以称为斯堪的纳维亚或西北欧模式，在那里没有国家级注册，但该行业已经发展得很成熟，景观建筑师可在政府委员会和顾问委员会任职。这是斯堪的纳维亚、英国、中欧的一些国家和地区，以及澳大利亚和新西兰的状态。有人可能会指出，《英国皇家宪章》（the Royal Charter）保障"特许景观建筑师"（Chartered Landscape Architect）称号，但这是一个技术性问题，而且你不必在成为景观协会的会员之后才能作为景观建筑师执业，并自称为景观建筑师，英国对于"景观建筑师"这个称号是没有任何保护措施的。

在一些国家，"景观建筑师"的称号是根本不能使用的，因为对于建筑师的地位和建筑师这个称号是有法律保护的。因此，西班牙景观建筑师可能不会称自己为景观建筑师（尽管这个词在南美很常用），相反他们称自己为景观设计师（paesajistas）。在法国也有类似的情况，在这里景观建筑师称自己为景观设计师（paysagistes），而不被允许使用景观建筑师（architecte paysagiste）一词。在讲法语的加拿大、瑞士和比利时，他们的同行们情况与此相同。不过，在法国，景观设计师是一个已被公认的职业。

A. 显示专业国际水平的 2008 年 EFLA 联合大会（EFLA
　　2008 General Assembly）在布鲁塞尔举行
B. 2008 年在荷兰的阿培尔顿举行的 IFLA 联合大会
C. 2009 年在意大利热那亚举行的 ECLAS 会议

案例研究：印度拉达克天龙白莲花学院

恶劣环境中的可持续建筑

天龙白莲花学院（Druk White Lotus School）是一所拥有 750 名学生的学校，学生年龄从幼儿到 18 岁不等。这所学校由扎斯卡群山（the Zanskar）和拉达克山脉（the Ladakh）围绕，在喜马拉雅山上海拔超过 6000 米的位置。学校最初在 1997 年规划，由 Arup 公司借调无薪员工设计，并由一个在英国注册的慈善组织竹巴信托（the Drukpa Trust）提供支持。

在锡已（Shey）和西克斯（Thikse）这两个寺院可以俯瞰学校的场地。学校靠近印度河（the River Indus），拥有茂密的植被。拉达克和埃及的纬度相近，但却被归为寒漠带，一年中的一半时间，这里有灌溉水可用，作物生长条件很好，但是另外半年，气温则下降到零下 30℃，一切都被冻结了。

学校建设的第一阶段是托儿所和幼儿园，开设于 2001 年 9 月，后又于 2005 年拥有了一所中学。这些建筑在 2010 年的泥石流中受到重创。学校基址是在没有征求景观建议的基础上就选定的，大部分基址被掩埋在泥石流中深达一米。该区域同时也是地震区，这就愈发需要一个可持续的景观规划，最终该区域吸引了景观设计职员和好些英国大学的学生前来参与。

拉达克被视为对全球变暖现象极为敏感的"煤矿内的金丝雀"（canary in the coal mine）。这里冰川退缩，冰川融水的体积在减少，于是学校被设计为可持续发展的模式以应对这种环境现状。学校的水源来自小口径水井，由太阳能供电的水泵抽取，并且建筑材料都来自当地，传统的干式厕所得到创意式改进。建筑物是由来自当地寺院种植园的柳木构架而成的，内壁砌了泥砖，外包层采用了地产花岗岩。水从地面以下 30 米用水泵抽送至位于基地顶部的容量为 16000 加仑的水箱里，提供学校的用水和花园灌溉用水。

在这个地区佛教仍然具有强大的影响力，而且天龙白莲花学院就是由法王世嘉旺竹巴（His Holiness the Gyalwang Drukpa）创建的。他的愿望是保护佛教传统，同时也从现代世界中学习，这些都反映在景观设计中。Aruy 公司为学校设计的建筑布局是以曼荼罗为基础的，学校的景观设计借鉴了可以表现拉达克特征的佛教符号和景观类型，它们包括草地、果园、菜园、小树林和各种原生栖息地。

谢菲尔德大学和格林威治大学在 2012 年开始参与景观规划的现场工作，其中较为典型的是来自格林威治大学景观设计系学生西蒙·布朗（Simon Brown）的工作。2012 年的整个夏天里，他帮忙建立了一个现场苗圃，并在当地施工队的经理索那姆·安杜斯（Sonam Angdus）和他的尼泊尔工人的帮助下和施工队一起工作，与园丁主管马多乌·施里西（Madov Shresth）一起清理新建泥石流防护墙里面的泥石流破坏物，他还修建新的土方工程、安装灌溉设施、为土壤整理施肥并种植作物，并在工场中为学校的学生提供帮助。

A. 学校教室由花岗岩外包，远处是白色墙壁和金色屋顶的洛巴宫（Naropa Palace）以及山脉背景，这块场地位于印度河肥沃的冲积平原的东部
B. 夏季气温相对温和，室外空间可以变成教学花园
C. 2012 年的建设工作，将 2010 年的所有泥石流痕迹清除了

第 7 章
未来

对页图片是美国航空航天局(NASA)宇航员于
2011 年 12 月 4 日所拍摄的伊比利亚半岛夜景。照
片中葡萄牙在最显眼的位置,以马德里为中心的西
班牙位于中间,非洲位于右侧,法国在上部偏左(比
斯开湾被笼罩在黑暗中),那里的灯光被云层减弱。
该照片跨越了欧洲西南部大部分地区,以灯光的形
式显示了能源的释放,这些灯光是否暗示了作为一
个物种的人类的优势地位已过度扩展?

"危机感使我们走到一起，今天那些只是令人感到不快或不安的事物，明天也许将威胁到人们的生命。我们关注人类对环境的滥用和那些失去了与自然基本过程相关连的错误的发展方式。伊利湖已受到污染，纽约正面临缺水，特拉华河被注入了大量盐分，波托马克河充满了污水和淤泥，主要城市的空气受到污染，市民不再能像从前那样自如地呼吸和视物。大多数生活在城市的美国人，无论从视觉上还是感官上，都正被迫在方方面面与大自然渐行渐远。一切来得太快了，转瞬间全国人民将会生活在这种受污染的环境之中。"

——以上为 1966 年 6 月，美国景观建筑学基金会（US Landscape Architecture Foundation）的创始成员坎贝尔·米勒（Campbell Miller）、格雷迪·克莱（Grady Clay）、伊恩·L. 麦克哈格、查尔斯·R. 哈蒙德（Charles R.Hammond）、乔治·E. 巴顿（George E.Patton）和约翰·O. 西蒙兹（John O.Simonds）等人在美国费城的独立宫（Independence Hall）一起提出的宣言

不断变化的环境

本书写作之时，也即上述"费城宣言"发表近 50 年之际，世界经济正在经历所谓的"令人瞩目的时代"，亚洲和南美洲实力在扩张，中国、印度、印度尼西亚、巴西和澳大利亚等国家的经济持续增长，与高达 10% 的增长速率相应的原材料需求的上涨，使商品价格在全球范围内普遍上涨。世界越来越认识到非洲不仅是此类原料的产地，而且也能为农业生产提供新的土地。同时，大部分西方世界包括欧洲、北美，此外还有日本的经济则基本没有增长，欧元的未来也受到质疑。

在历史的大进程之中，西方世界相对的经济衰退可被视为一个中期的过渡阶段（此阶段很有望能提升银行业的有效监管），由此造成了东西方的经济调整和南北方的经济发展再平衡。其实，西方的经济只是在最近的 300 年或 400 年内占优势，而在过去 2000 年中，中国和印度在大多数时候才是先进技术和文化发展的中心。

不过，未来的长期趋势是世界人口、对原材料的需求以及占地球总人口一定比例的城市人口都会增加 3 倍，因此地球现在处于多种因素导致的压力之下，包括：

·生物多样性的丧失；
·人类生态足迹的净增；
·气候变化和由此导致的极端气候波动、海平面上升、洪水，以及水资源匮乏；
·原材料短缺。

景观设计师应为解决所有这些问题作出一份贡献。

让我们重温景观设计的发展。它的前身为景观园艺，这是一个关于视觉和风景的专业，主要是为国王和贵族们提供私人服务。19 世纪景观设计作为一种服务视觉的行业开始发展起来，起初它是基于对花园和公园设计的继承，但后来它已被重新定位，主要为新兴工业城镇中的社区服务，并在整个社会建立起荒野保护和农业发展的意识。

在 20 世纪，这项工作包含了对自然保护和生态学的兴趣，而到了 21 世纪，人类对生态健康的焦虑导致全社会对整体景观关注度的提高，并重点关注于可持续发展。未来景观设计师的首要任务将是为占世界人口绝大部分的城市人口寻找可持续的生活方式。

景观的使命

景观设计的关注焦点在过去的两个世纪内不断发展，并通过设计过程逐渐
扩大了影响力。

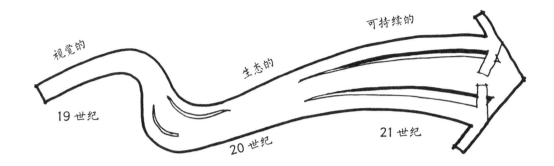

可持续发展新技术对环境的影响越来越大。

A. 一种生物过滤墙演示装置

B. 沿着荷兰高速公路排列的风力涡轮机

C. 在葡萄牙法鲁荒芜岛（Ilha Deserta）的里奥福莫萨
   自然公园（the Parque Natural da Ria Formosa）
   中，太阳能电池板为孤立的餐厅提供能源

A

B

A. 越过森格姆纳格尔（Sangam Nagar）贫民窟看向安托普山（Antop Hill）的孟买城市景色

B. 这里是孟买最大的贫民窟之一，有超过 20 万的人居住于此，人口密度估计达到每公顷 3000 人

C. 2005 年被卡特里娜飓风造成的洪水淹过的新奥尔良市中心，当时有 53 个堤防决口，城市 80% 的面积被淹没，造成了超过 700 人的死亡和大约 810 亿美元的财产损失

一些挑战

水

水是重要资源,海水淡化厂已经在地中海沿岸散布开来,2010 年伦敦投资 2.5 亿英镑开设了 Beckton 海水淡化厂,因为在夏天的大多数时候,英格兰东南部都是个缺水地区。与此相伴的是基础设施的重建:包括国家水网、太阳能发电厂、风力发电 丁等的建设,以及用太阳能、风电场和核裂变(或者是造成三里岛、切尔诺贝利和福岛核灾难的轻核聚变)、生物质发电(和乙醇燃料的开发)以及致密化开发来改造现存建筑物,以尽量减少能源的使用。丹麦目前可持续能源的使用已达到全部能源消耗量的 25%。

城市化会增加河流流量,暴雨会淹没河流流域,1995 年和 2007 年的莱茵河洪水就是如此。例如,在过去的一个世纪里,莱茵河流域已经失去了 80% 的冲积平原,易北河(Elbe)则失去了 85% 的冲击平原,因此透水景观已日益被不透水的城市景观所覆盖。欧洲的城市面积自 20 世纪 50 年代以来已扩张了 79%。

供水和洪水

中国的经济增长和其他国家一样受到了水资源供应短缺的威胁。中国的水资源是由喜马拉雅山脉的冰川供应,因此这些冰川的后退会导致洪水和干旱。洪水是由于冬雪不再以冰川形式保留在山上而是迅速排入中国的河流所导致的,干旱则是由于夏季冰川融水供应减少导致夏季河流流量减少。不仅气候变暖会导致干旱,而且由于工业和农业对河水的抽取而导致的下游供应量相应减少也会引发干旱。中国的北方缺水而南方的水源则较为充足,中国的南水北调工程就是为了消除这种水源分配不均,该工程计划将水从长江输送到黄河和海河。

工业、农业和人口增长到处都在争夺有限的水资源供应。因此,随着承压水(存在于地下蓄水层中)被消耗殆尽,地下水位就下降了,其余的水资源则受到来自农业和工业的污染威胁,在全世界范围内普遍发生着含有农业肥料的废水流向地下污染了地下水,从而造成地下水硝化作用的情况。

对此的应对措施之一是像荷兰那样创建一种国家水资源政策,将水资源供应与河流洪水及海平面上升联系起来。

C

案例研究：荷兰国家水系规划

一项国家防洪和水质保护政策

经过了近 10 年的协商和讨论，荷兰于 2009 年通过了国家水系规划（the Dutch National Water Plan），它着重关注海上以及与江河相关的洪水的预防与管理。

在 2000 年，荷兰采取了一种新方法来应对洪水，这种方法不再以全面阻挡为方针，而是转向以适应性调节为方针，给予河流泄洪的空间。河水被分流到辅助通道、湿地或河流沼泽地。这种方法花费较少，而且能最大程度地减少洪水的不利影响。

荷兰国家水系规划还旨在确保获得干净的水资源，这部分需要地方上的配合，如对化肥和污染的控制，不过该国的河流还跨国流经德国、比利时和法国。2000 年欧盟颁布的《欧洲水资源框架指令》（European Water Framework Directive）旨在解决河流污染和水污染问题。荷兰的沿海防洪也通过补充沙量来增强防御能力，每年在沿海岸线的海滩上大约要铺放 1200 万立方米的沙子来加强当前的防洪措施。

当然，这些政策是在国家范围运行的，许多行业参与并促使了政策的讨论和制定，例如荷兰的景观设计师们为河流洪水和海洋洪水的防御都设计了可行性方案，最引人注目的是 West 8 事务所针对哈皮伊勒斯（Happy Isles）这一系列新岛屿提出的方案。这个方案是远离荷兰和比利时海岸的近海填沙政策的一种延伸，其中规模最大的 Hollandsoog 面积超过 15 万公顷。2004 年被任命的荷兰国家首席景观顾问德克·西蒙（Dirk Sijmons）及其 2008 年的继任者伊特·菲德斯（Yttje Feddes）都一直积极地参与着这些方案的制定。

2005 年，荷兰人用他们的经验给美国提出建议，以应对由卡特里娜飓风给新奥尔良市带来的河水泛滥问题。

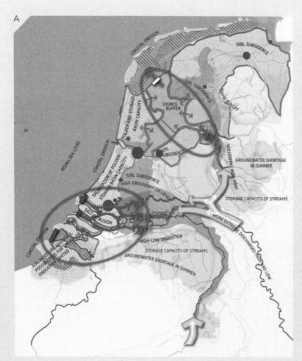

A. 重点水利工作(Key Water Tasks)包括对北海(the North Sea)岸线土壤盐化和北部土壤沉降的控制,以及对东部夏季地下水短缺的应对

B. 国家洪水风险图(National Flood Risk Map): 蓝色为具有最深水深的区域,最深蓝处水深超过5米

C. 艾瑟尔湖区域: 该湖是欧洲西北部最大的淡水湖泊,被用于供水

D. 目标情况(Target Situation): 黄色表示的是防御海水侵袭的沙丘系统; 红色线条表示的是堤坝系统; 蓝色的艾瑟尔湖为战略储备水源; 向东有很多自然溪流,以及将被用来起到"海绵"作用的区域; 海洋将提供可再生能源(风电场)、航道和海底存储在枯竭油气田中的二氧化碳

第7章 案例研究 荷兰国家水系规划

森林的消失

联合国粮食和农业组织（The UN Food and Agricultural Organization, FAO）报告说，全球主要森林的面积正在以每年6百万公顷的速度消失或更迭。目前在印尼、非洲和南美洲，森林覆盖都处于大范围的减损之中。这个过程会造成全球变暖，其他问题也会非常显著，例如最近几年的东南亚森林火灾，像1997和1998年发生的印度尼西亚森林火灾，或是2005年的马来西亚雾霾（Malaysian Haze）。此类森林火灾是由刀耕火种的森林清除技术引起的，它们同时也会影响空气质量和人类健康，当然更会对自然栖息地和生物多样性造成重大损失。

人类依靠氧气生存，而氧气的生产必须依赖植物。氧气是一种非常容易发生反应的物质，它可以与其他物质反应生成新的化合物，例如氧会与铁生成铁锈（氧化亚铁），因此氧气很容易逃逸并消失。正如我们所知，约28亿年前，在众所周知的"大氧化事件"（the Great Oxidation Event）中，地球大气层中的氧气水平大幅度上升，最终满足了生命的基本条件。氧气是由蓝藻或蓝绿藻产生的，这些微生物使用从阳光中获得的能量、水和二氧化碳进行光合作用，产生碳水化合物和氧气。所有的植物都需要共生蓝藻（叶绿体）来进行光合作用，没有植物和光合作用，大气中的氧气水平就会下降，没有氧气，人类就无法生存。

这些对于景观设计专业意味着什么呢？首先，这会影响对建筑材料的选择，包括对木材的选择。我们应该确保建筑材料来自可持续资源，这样原始森林就不会遭到砍伐；第二，这也对热带森林地区的发展性质产生影响。在北美和欧洲，景观设计师都会对林业的发展提出建议；在俄罗斯，景观设计师从林业院校毕业，被称为绿色环保工程师；在中国，国家已为发展林业作出重大努力，该国的林业院校也培养景观设计师。这些景观设计师会用所获得的专业知识来保护幸存的原始森林，也可以用种植次生林的形式扩大林业种植，这些在热带尤其重要。我们也应在总体规划中强调树的种植，在城镇中注重种植行道树。

人口增长和城市化

根据联合国的统计，全球人口在2040年可能会由2010年的69亿增长到88亿。伴随着对新兴材料的期望，越来越多的人享受着日益繁荣的现代生活。地球上90%的人口生活在10%的陆地上，大约90%的人生活在赤道以北。这种不断增加的城市人口问题需要通过致密化措施来尽量减少对有限资源的损耗，用低碳经济来减缓全球变暖，而土地管理和规划则是实现这些的关键。

欧洲环保局（The European Protection Agency）已经把城市扩张认定为一个重大问题。在其他地方，人口从农村向城镇流动，这种现象导致了大都市的产生，使得城市或大都市拥有超过千万的人口。目前所有的大都市中人口过多的有26个，包括东京（3400万人）、广州（2500万人）和纽约（2200万人）。

兰斯台德（Randstad）是由鹿特丹、海牙、阿姆斯特丹和乌得勒支这些大城市围绕着"荷兰绿色心脏"（Green Heart Holland）形成的一个线性城市群。它为上述的很多城市提供了一个有趣对比，虽然它的人口只有710万，但是它提供了一种扩展的多中心定居城市模式，使市民们可以在半小时之内就能骑车到达郊区。

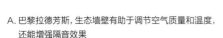

A. 巴黎拉德芳斯，生态墙壁有助于调节空气质量和温度，还能增强隔音效果
B. 德累斯顿，有利于节水的可持续式排水，利用了现场施工的剩余材料
C. 伦敦柏孟塞（Bermondsey），以梧桐树为行道树，这是20世纪20年代的街道美化政策的成果

树木的价值

植物修复（Phytoremediation）是指通过植物的生长来改善环境品质，这个专业术语被特别用于减轻土壤和水体中的金属、农药和油污染。特定的植物会通过在自身细胞中积累毒素或降解毒素等方式达到上述效果。

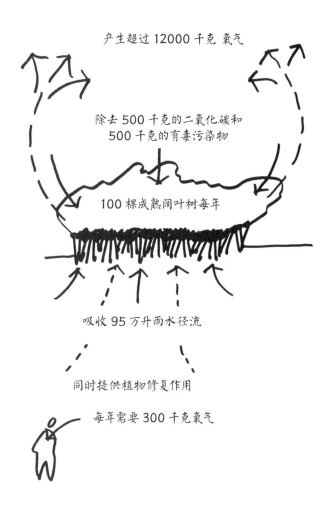

产生超过 12000 千克 氧气

除去 500 千克的二氧化碳和
500 千克的有毒污染物

100 棵成熟阔叶树每年

吸收 95 万升雨水径流

同时提供植物修复作用

每年需要 300 千克氧气

B

C

案例研究：伦敦沙德泰晤士河的漂浮花园

伦敦市中心的绿色保障性住房

自 1999 年以来，在由人行道和桥梁串联起来的 30 多个船屋上构建起来的漂浮花园（Floating Gardens）渐渐具有了规模，它距离伦敦市中心的塔桥仅一步之遥。这些船屋最初是由建筑师尼古拉斯·莱西（Nicholas Lacey）在 20 世纪 80 年代设立的，目前已经占据了历史地段唐宁路桥下的商业停泊区。船屋上面的花园最初是在伊莱恩·休斯（Elaine Hughes）的带领下由居民自发创造的，伊莱恩·休斯是格林威治大学景观设计系的毕业生。

大约 70 人居住在唐宁路的停泊区，这些停泊区位于一个流动社区豪华昂贵的 LOFT 风格公寓的底部，自 19 世纪上半叶就已经存在，是泰晤士河被连续使用历史最久的地段之一。

植物生长在 40 厘米深的金属种植槽内，槽中有 50% 的表层土壤和 50% 的混合肥料。几乎所有的厨房废物都在驳船的箱中被制成堆肥。由于驳船的排水很好，所以在夏季每天都要给植物浇水，因为干燥的土壤使包括刺槐、洋槐在内的树木不能充分生长。在干旱期间，浇灌用的水直接从泰晤士河抽取，不过咸潮水对植物并没有产生明显的不利影响。

在滨海区的屋顶花园种的这些植物需要忍受泰晤士河上干燥的季风，因此叶片泛银色蜡光的常绿植物如细茎针茅、薰衣草、扁桃叶大戟和蕨类植物等都需要辅以苹果树和矮箱。

花园吸引来水鸟，尽管已使用了大量腐木吸引虫子，但由于它具有孤立岛屿的特性，这里依然是一个不平衡的生态系统。

停泊区的很多船都具有重要的历史意义，这些船包括驳船、拖船、商业活动用船、亨伯河平底船（Humber Keels）、货运船和来自于欧洲各地的帆船和机动驳船。

"时间银行"（time banking）这种社区实践，是一个由新经济基金会（the New Economics Foundation）智囊团所提出的概念，目的是"鼓励和展示真正的经济福祉"。参加这种实践人们可以赚取时间存款，例如，一个邻居如果花了一个小时教你编织，她就可以赚取一份能在别人身上"花费"的时间存款。其实这也就是鼓励居民们进行互相帮助，以使他们彼此了解并建立起信任关系。

A. 登记在册的驳船花园: 尼古拉斯·莱西的驳船有 7 艘是驳船花园
B. 伦敦市中心的保障性住房
C. 船只包括泰晤士河驳船、泰晤士河拖船、旧商业拖船、亨伯河平
　 底船、货运船和来自于欧洲各地的帆船和机动驳船
D. 左上方为公共平台，这里用于就餐
E-G. 这是一处让人们花费不多就可以居住于城市中心的愉快场
　 所，购买一艘驳船的最低价约为 10 万英镑，每年的系泊费用大
　 约为 5000 到 6000 英镑

生物多样性的丧失

城市面积的扩张、资源消耗率的增长、人类导致的气候变暖这些因素结合起来对生物的多样性造成了威胁。因此人们开始对生命体的大量灭绝感到忧虑。世界自然保护联盟（the Internation Union for the Conservation of Nature, IUCN）的报告指出，1/8 的鸟类、1/4 的哺乳动物以及1/3 的两栖动物都处于灭绝边缘。但是这种威胁在城市中可以通过培育植物来应对，包括建造屋顶花园。自从 20 世纪 80 年代开始，德国和瑞士的立法已经要求新建和翻修的建筑物必须有充满绿色的，也就是种植植物的屋顶平台。此外，还可以通过建设公共花园和开放空间来应对这种威胁。其他简单措施包括阻止人们在花园前部铺装地面以建造停车区，或者在条件允许的情况下铺设双轨道路以便在车轮间种植植物，例如丹麦就采用过这种方法。

在公共区域的植物养护技术应避免杀虫剂和除草剂的使用，从修短草地转变为培养高茎草地的策略也会很快使昆虫种群蓬勃发展。此外，发展林地、改进农业技术措施以及再造湿地也可以改善生物多样性，规划生态廊道则能为动植物群在应对气候变化时发生的迁移提供景观通道。

《生物多样性行动计划》（Biodiversity Action Plans, BAPs）是代表此类行动的一种正式途径。《生物多样性行动计划》是对《1992 年联合国生物多样性公约》（the UN Convention on Biological Diversity of 1992）的响应，涉及调查现有生物多样性、评估物种的保护状况以及设定保护目标，最后还要将用于实现这些项目的预算开支和管理手段设置到位。

栖息地的培养是许多物种生存的关键，英国的野花草地和未改良草地面积已下降到20 世纪 30 年代的 2%，导致大量蝴蝶生存栖息地的消失。由于城市生态环境的变化，有些鸟类种群已经开始濒临灭绝，如伦敦的麻雀。蜜蜂具有为植物传粉这一重要功能，所以关于蜜蜂种群下降的问题在国际上已得到广泛关注。

生态足迹

人类人口增长的一个后果是增加了净生态足迹，净生态足迹是人类所需自然资本的估算，以全球人均公顷（global hectares per person, gha／人）来表示。自然资本是自然生态系统所持续产生的有价值的生态系统产品或服务。例如，一个树的种群会源源不断地生产新的树木，这种生产将是无限期持续的。由于生态系统必须整体运行才能持续地作出环境贡献，因此系统的弹性和多样性是自然资本的重要组成部分。一个关于自然资本损失的显著例子是 20 世纪 90 年代早期纽芬兰的鳕鱼渔场，它曾是世界上最丰产的鳕鱼渔场，但是却由于过度捕捞而走向没落，而且至今依然未能恢复。

全球的平均生产型土地面积为人均1.8gha。根据全球足迹网络（the Global Footprint Network）2010 年发布的《地球生命力报告》（Living Planet Report），在 2007 年，美国的生态足迹为 8.0gha／人，瑞士是 7.51gha／人，中国的生态足迹是2.12 gha／人，中国已经迈入了生态赤字时代。全球人类人口的当前需求已经超过了地球的承载能力。

当前所面临的挑战之一是需要重组发达国家消耗地球资源的方式，挑战之二是要找出有效途径可持续地安置世界大城市不断增长的人口，但这一切与景观设计行业到底有什么关系呢？毕竟景观设计只是一个很小的行业，它难以对人口增长起到关键作用，也难以大为降低全球经济对碳氢化合物的依赖。尽管如此，在帮助社会适应低碳经济发展模式上，景观设计行业还是扮演了重要的角色。

城市可持续发展的新模式需要在亚洲、非洲和南美洲的大城市进行探索，其中一个方案是对于贫民窟的处理。大多数规划师和城市当局希望移除这些地方，因为这里的居民多为擅自占住者，没有取得土地使用权，而这些土地是可以用于商业开发和高价房建设的。有人在讨论印度孟买的达拉维贫民窟（电影《贫民窟的百万富翁》拍摄地）和孟加拉国达卡的柯瑞尔（Korail）贫民窟的生

存模式时，认为它们可以借鉴 1945 年后东京的重建以及 1985 年神户地震后的重建作为自身重建发展模型。在柯瑞尔贫民窟中，城市当局希望能够移除 10 万人的住屋，代之以能容纳 4 万人的西式公寓楼。日本的模式是由地方政府提供基础设施，居民自己建造房屋。依照这样的观点，贫民窟建设发展的关键是授予居民土地使用权并提供基本服务如供水、排水和供电，政府应该改善贫民窟，而不是简单地拆除它们。

气候变化

气候变化是我们对地球资源和生态系统所造成的各种负担的一个触发器。人口增长、城市化和人类对土地的整体影响是不平衡的，但全球变暖从根本上影响了我们的景观及其生态系统。我们可以从有利和不利两个角度来评判这些改变。例如，由于气温的上升，欧洲北部的农作物产量将会增加，但暴风雨以及相应的洪水也会增多。政府间气候变化委员会（Intergovernmental Panel of Climate Change, IPCC）目前作出估计，如果平均气温上升超过 2℃，欧洲南部降水将会减少并遭受沙漠化的侵蚀（西班牙 2/3 的面积将成为沙漠），而且通常海平面也会上升。气候的升高还会引起植被的变化，并影响到老年人、病人和年轻人的健康，使人口死亡率上升，携带疟疾的伊蚊将会在整个欧洲大陆传播。

自然灾害成本

有两个行业因为气候的变化受到了严重影响：保险市场和旅游业，而财务安全和阳光恰好都是我们渴望的东西。例如，由于自然灾害的影响，世界上最大的再保险集团的 Münchener Rück AG 再保险公司（网址为 www. munichre.com）在 1980-2007年间的损失险赔付额度持续上升，灾害包括由海洋和河流洪水造成的岸边房屋的损失，这些自然灾害很是让人担忧。

因此，对于保险市场来讲，气候变化是一把双刃剑，但对于那些由于海岸后退不再能确保住房免受损失的保险公司来讲，这些

引用 Münchener Rück AG 再保险公司的论述:

| 自然灾害导致的经济损失比经济活动上升更快（例如，由于人口的增长、全球化） | + | 人为的气候变化及新的发展风险 | + | 人为灾难及新的发展风险的增加 | + | 与日俱增的全球化和相关的风险 | = | 非寿险需求的增长 |

变化可能是一场金融灾难。保险公司估算气候变化的影响并为它确定了一个价格，而根据《斯特恩报告》（Stern Review）来看，这个价格我们其实无法承受。

经济学家斯特恩勋爵（Lord Stern，财政部前首席经济顾问）为英国政府所做的《关于2006年气候变化经济学的斯特恩报告》（The Stern Review on the Economics of Climate Change of 2006）讨论了气候变化和全球变暖对世界经济的影响。它认为，为了避免气候变化的最坏影响，每年需要投入全球国民生产总值（GDP）的 1%。

它的结论是，我们不能不去应对气候的变化。军方也开始严肃对待气候变化的问题，例如英国国防部的发展概念和学说中心（Development, Concepts and Doctrine Centre, DCDC）认为坦克式"水平扫描"战略发展计划（'horizon-scanning' Strategic Trends Programme）能预测2040年的世界趋势，并"对气候变化、全球不平等、人口增长、资源短缺和全球力量的动态平衡将会如何改变战略环境和提出持续复杂及全球性的挑战给出了详细的考虑"。

生态足迹

生态足迹，亦即全球人均公顷（gha/人）是衡量自然资本的一种方式，地球的生态承载力是 2.1 gha/人。

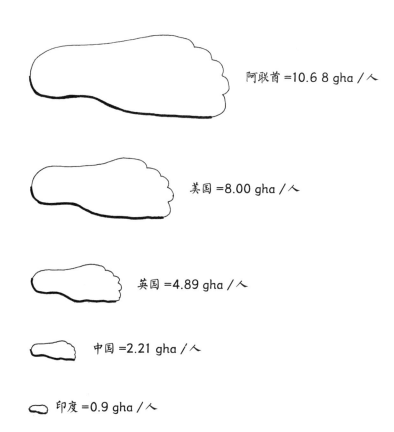

阿联酋 =10.6 8 gha／人

美国 =8.00 gha／人

英国 =4.89 gha／人

中国 =2.21 gha／人

印度 =0.9 gha／人

案例研究：孟加拉国达卡的柯瑞尔贫民窟

变贫民窟为乐园

景观设计师霍达克·哈斯布尔·卡比尔（Khondaker Hasibul Kabir）住在柯瑞尔，这是一个位于孟加拉国首都达卡中心的巴纳尼湖（Banani Lake）上的贫民窟，占地 49 公顷，人口达 12 万。达卡被认为是世界上增长最快的大城市，在 2011 年它的人口已超过了 1600 万，其中有超过 300 万的人居住在贫民窟里。沿着高尔杉湖（Gulshan Lake）和巴纳尼湖之间的岸线，水上建有竹结构住屋。

卡比尔曾在谢菲尔德大学景观设计专业学习，于 2005 年毕业回到达卡后，他开始在 BRAC 大学建筑系工作。因为想在达卡中心区寻找经济实惠的住处，卡比尔开始从专业角度对容易发生洪涝的乡村地区产生了兴趣。他在柯瑞尔找到了一间房子，并在 2007 年和福肯（Fourkan）及纳斯玛·佩乌兹（Nasima Pevez）一起搬了进去。卡比尔帮助住户们在周边地区种树植草，并在水上的竹平台上为当地居民创造了一个露天聚会场所。佩乌兹回收自家的厨房垃圾进行堆肥，并鼓励其他当地人在自己的院中种植植物。为了努力将贫民窟转变为可持续发展的城市天堂，他们在湖畔播撒种子，并且鼓励邻居们也这样做。2012 年 4 月

9 日，在贴出通知一天之后，Dhaka City Corporation 的有关部门开始强制拆迁这个充满活力的社区，理由是这里的土地属于国有。高尔杉湖上的房屋是城市中一部分最贫穷者的居住之处，这些房屋正面环绕着富裕的西式房屋，城市当局计划在湖的两侧兴建公寓。关于这一事件最让人感到忧心的是，在这个容易遭受洪水灾害的城市中，要拆除 10 万生活与湖息息相关者的可持续环保住房，然后为 4 万中产阶级建造不可持续的西式高层公寓。

在我们写作本书之时，强拆已暂时由法院命令停止了。

A. 这个由竹子搭建的平台是一个社区聚会场所
B. 湖上看过去都是高跷式结构
C. 佩乌兹家的住房
D. 湖对面是较昂贵的住房
E. 孩子们可以学习的地方
F. 像天堂一样的地方，但是缺乏保障
G. 一种简单明了、无遮蔽的环境改造

A

与气候变化密切相关的内容包括地球平均温度的上升、极端气候、海平面的上升和洪水，以及水资源不足的威胁。为了应对气候变化，需要向低碳经济转换，通过利用风、水和潮汐发电来解决能源生产问题。在丹麦的带领下，西欧许多国家的景观设计师通过环境评价研究，对在陆地和海上进行风力发电以及风电场的位置提出建议。潮汐堰坝或海边挡浪墙在某些地方也已经被提上议程，其中包括英国泰晤士河河口。此类重大变化会改变海岸景观，提高其防洪能力，但也会导致海洋生物栖息地和湿地的损失。

低碳经济还涉及减少私家车的使用，以支持公共交通、骑车和步行。在西方国家，以机动车为交通基础重塑城市的努力已被证明是危险的和具有破坏性的。城市应该是人们进行步行、商贸、会面和交流的地方，机动车占据生活中心的情况应该被削弱，但目前大多数城市的街道还是以汽车为主角。在改变城市空间，不再以汽车为主导作交通规划这个方面，景观设计师可以发挥一定的作用。20世纪60年代以来哥本哈根的例子，就是扭转此趋势的一种有效方式，那里的规划有利于人们摆脱汽车。此外，我们可以看到在过去的20年里，巴黎和伦敦的自行车和公共交通的使用量都在增加，但与此同时，中国的城市却正在走向相反的方向。

努力改善气候变化的影响并不需要高科技，比如为了应对城市中的热岛效应，可以种植行道树来提供荫凉，以减少夏季的高温。高温对人类很不利，会提高老年人和围产期儿童的死亡率。同样地，可持续排水系统（Sustainable Drainage Systems，SUDS）是一种减弱地下水位持续下降威胁以及降低洪水风险的方法，地下水位是植被生长所必需的。

植树具有很广泛的环境效益，上文我们已提到了城市热岛效应以及城市内的树荫在夏季能降低空气温度，此外树木还可以去除空气中的悬浮颗粒以及那些对肺功能有影响的、会造成呼吸困难的固体小颗粒，从而减少空气污染。树木还能吸收一氧化碳、一氧化氮和二氧化硫等可以引起呼吸问题并增加哮喘发病率的有害气体。城市绿化景色也被证明可以改善市民的身心健康，同时更有鼓励人们进行锻炼的作用。总之，城市的树木——其最直接的形式就是行道树的种植——为人类提供了一个更健康的城市环境，同时也改善生物多样性，为鸟类和其他生物提供了栖息地。

景观设计师为改善气候变化的负面影响所能作的贡献

目前可列的清单是：
· 建造能促进植物和动物迁移的生态廊道；
· 保护水资源；
· 选用耐旱、遗传多样性的植物，以及改变栽培方式；
· 增加遮阳结构（如行道树）以提高人体舒适度，并改善城市热岛效应；
· 通过城市植树来吸附大气尘埃；
· 以绿色屋顶减缓地表水径流和改善生物多样性；
· 采取海岸后退的策略来应对海平面的上升问题；
· 随着林木线的上移调整农业和景观结构；
· 造林（种植新的森林）；
· 促进资源回收和堆肥；
· 做好流域管理以应对洪泛区的损失；
· 促进水土保持和土壤碳汇政策的制定；
· 在城市和其他地方促进自行车和步行交通方式；
· 推广风电场、太阳能和水电能源，促进能量分布的网络环境评价；
· 促进环境评价和公共交通设计，包括公路、铁路和公共汽车运输；
· 增加城市表面的反射率（如提高屋顶和道路的反射率）。

对最后一条再稍作解释：反射率用于衡量物体的反射性，从低级别到高级别是以数值0-10来进行衡量，0为黑色，10为白色。城市化地区的反射率数值从绿色植被覆盖区（大约为5）向黑色的道路和屋顶变化着。避免使用黑色沥青、种植行道树和以绿色植被覆盖屋顶等，都是提高城市反射率的方法。地表反射率的提高能减少对太阳热量的吸收，从而也就能减轻全球变暖。

A

B

C

D

A. 2012 年荷兰芬洛国际园艺博览会，新
种植的生态墙展示了支撑结构
B. 伦敦一处已建成的垂直绿化墙体
C. 位于威尔士马汉莱斯的替代技术中心
采用了能改善生物多样性的棕色屋顶，
这个屋顶使用了当地的底土或碎石，并
采取自然播种的方式，创造了一个植物
种类丰富多样的栖息地
D. 伦敦霍尼曼博物馆(Horniman Muse-
um)大面积的绿色屋顶

案例研究：荷兰北部海岸线

沿海防御堤坝的发展

荷兰的海岸保护方式正在发生变化，其中一个向我们展示了当前防洪思想的项目位于北荷兰省（Province North Holland），阿尔克马尔（Alkmaar）的西北部，是由提供多学科综合性设计及咨询服务的 Arcadis 公司负责实施的。该项目是为了加固位于翁斯博彻（Hondsbossche）和佩滕姆泽维林（Pettemer Zeewering）之间的 6 千米长的海岸线而进行的研究，这段海岸线的后面是自然保护区和有 400 年历史的圩田。

这段海岸线的沿海堤坝是北荷兰省洪水防御中的一个薄弱环节，为此政府制定了一个国家级项目来对这段薄弱地带进行加强，希望能提高防洪保护能力，同时也改善环境。该项目还涉及在设计中提倡社区的参与。

Arcadis 公司在对景观分析的基础之上提出了可供选择的解决方案，包括提高堤坝、补充沙量和允许更多水流溢出，同时，他们还提出了一个与这些方案并行的旨在提高空间品质的设计方案，主要是强调景观和文化遗产，促进休闲与旅游，并注重城市宜居性及自然的和谐发展，可视化是传递这个设计意图的关键。最后的结论是采取一种综合性方法是最佳选择，用补充沙量来加强海堤，因为它提供了一种灵活的海岸保护方式，而且这种方式还具有长期效益，并可能有利于自然保护，为休闲和旅游提供更高的可达性和更多新的海滩，同时还能保护海岸线后的圩田遗产。这个可持续性的解决方案符合当前的荷兰海岸防御策略，还可以获得社区的支持。

就像 Arcadis 公司的景观设计师格特坚·乔布斯（Gertjan Jobse）所说，这是针对气候变化影响荷兰海洋防御的部分应对措施，"景观的本质是动态的，处于不断的变化之中"，在此他创造了一种应对变化的新海岸景象。

A

B

C

D

E

F

A. 对页图，补充沙量，创建了新海滩的海岸
B. 工程堤坝及低平宽广的防波堤的现状鸟瞰图
C. 使用传统工程应对方法和防波堤维护使堤坝升高变宽后的鸟瞰图
D. 使用溢出技术（overspill techniques）、保留防波堤并加强岩石结构的洪水应对措施
E. 通过补充沙量加固堤防，高潮时的鸟瞰图
F. 防潮堤和海岸现状

回收利用和日常实践

由于世界性的需求，木材、石材和金属这些原材料的成本都在上升。虽然木材的成本是塑料或聚合物替代品的两倍，但聚合物在生产过程中使用更多的能源并且以碳氢化合物原料为基础。材料的回收利用将是未来的一个发展方向，这意味着重复使用所拥有的资源，不浪费它们。这种方法对于金属来说已是常规做法，比如钢和铝，但它也同样适用于其他所有材料。用了上百年的路缘石很容易被重新利用，可以将其铺设在石头路或预制混凝土道路上。对砖块的重新利用有悠久的传统，不过这是基于石灰砂浆易于去除的前提，而自20世纪20年代开始向强效水泥砂浆转变后，这一过程变得困难多了——所以为何不转回去再使用石灰砂浆呢？

据说世界上有一半人居住在生土建筑（意为由泥砖和土坯建成的房屋）里，这种用烧结黏土或砂砖建造成的传统建筑是低碳和低能耗的。

在英国，无论是石板路面还是砖砌路面，通常的做法都是在150毫米厚的混凝土基础上铺设道路，这种建造方法碳排放和能耗都较高，价格昂贵，而且容易开裂，所以这一方法是死板和错误的。相比之下，在欧洲大陆的许多国家中，普遍的做法是在砂质上铺设砖石路，英国也应该采取类似的做法。景观设计师应经常对自身实践加以反思。

在回收中应避免使用泥炭堆肥，虽然泥炭是一种有价值的碳汇，但是在现场制作堆肥可以更好地增强土壤肥力和保持土壤水分。回收不仅在项目最初的基础建设工程中十分重要，它还应该被建成持续发展的模式。将回收利用和可持续发展融入景观设计实践的机会是无穷的，上面的这些例子可能看起来微不足道，但累积起来它们就可以产生显著效果。

景观设计师们需要考虑他们所有的设计决策对环境的影响，并探索可持续的替代选择

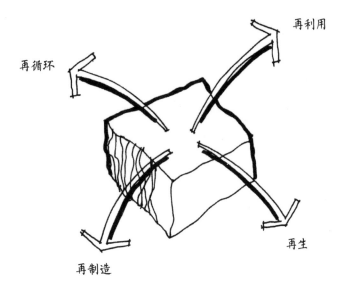

再循环　再利用

再制造　再生

A. 伦敦，75 毫米厚的花岗岩铺设在较深的混凝土基础上。这是一种刚性的、碳排放和能耗量较高、成本也较高的修路方式

B. 巴黎，如果混凝土基层细节制作不够精良，通常会导致装饰面层的开裂

C. 2012 年荷兰芬洛国际园艺博览会，再生混凝土基础破碎后，作为踏脚石再利用

D. 巴黎，优先采用预制混凝土铺设道路

E. 即使是在高知名度的项目中，现浇混凝土也同样容易开裂，图示为巴黎联合国教科文组织的野口勇花园（Noguchi Garden）

F. 2012 年荷兰芬洛国际园艺博览会，大型预制混凝土路面砖以简单的网格形式铺设

G. 2012 年荷兰芬洛国际园艺博览会，用回收的脚手架木板搭建的桥，这是贾斯帕·哈勒曼特（Jasper Helmantel）设计的"野生世界"（Wild World）

H. 对城市公共区域地下设施的协调是避免发生图中所示的贝尔法斯特（Belfast）的这种情况的关键

I. 简单细致又协调有序地在压实的路基上铺设预制混凝土面砖

最后的思考

对于景观设计的未来而言，这些挑战都是机会。我们需要改变我们的生活方式，认识到自由市场也有其局限性，认识到应该重视公有资源的经济意义。我们需要像管家一样管理好越来越受到人类活动影响和支配的世界，我们需要善待我们的星球。本书是为往后50年内的景观设计师们所写的，希望他们能够积极面对挑战及把握机遇。最后，让我们再次引用本章开始时所谈到的1966年的"费城宣言"：

"对此不可能有单一的解决方案，所有的应对措施都是息息相关的。既没有一次性的治愈方法，也没有专用的灵丹妙药，而是需要协作的解决方案。解决环境危机的关键有赖于景观设计领域，因为它是处理环境过程相互依存关系的专业。"

F

G

H

景观设计专业需要应对气候变化以及它带来的影响, 如:

A. 巴黎亨利四世大道 (Boulevard Henri IV), 行道树在炎热天气里可以降低局部温度, 也有利于野生动物保护, 树木还可以吸附空气中的尘埃

B. 大规模种植的屋顶可以减缓雨水流失, 并且有助于建设一个可持续的排水系统, 从而避免发生洪水

C. 伦敦切尔西的皇后大道 (Royal Avenue) 以碎石铺设路面, 路边菩提树排列成荫, 这些都增加了城市的反射率

D. 树木从伦敦米尔沃尔码头区的约翰逊船坞 (Johnson's Draw Dock Millwall) 里生长出来

E. 绿色屋顶提高了反射率, 也为野生动物提供了栖息地并减缓了雨水径流

F. 生态墙目前很流行, 就像图示的伦敦特拉法加广场 (Trafalgar Square) 的这堵生态墙。它们能提供栖息地, 但持续灌溉和照料的费用很高。有时只需种几株缠绕类攀缘植物就能很好地覆盖一整面墙

G. 垂直花园可以为没有生机的地方创造绿色, 图中巴塞罗那的这个垂直花园就是这样

H. 植被洼地 (基本就是一个宽透水沟, 当不下雨时这里是干的), 是荷兰 2012 年芬洛园艺博览会 SUDS 的一部分

第7章 未来 最后的思考

名词解释

高速公路（Autobahn），德语的"高速公路"，即英语的"motorway"。

布杂风格（Beaux-Arts），19 世纪晚期源自于当时巴黎最重要的建筑和艺术学校巴黎美术学院（Ecole des Beaux Arts）的艺术风格，以对称性、轴向规划、装饰丰富和规模宏大为主要特征。

工程量清单（Bill of quantities）：详细列出一份施工合同中的每一项目的度量，如长度、面积、体积或重量，以便于投标时对此予以定价。

生物多样性（Biodiversity）：在地球上或一块特定栖息地上植物和动物生命的多样化。

生物群落（Biome）：涉及一种特定气候和环境的一个复杂生态系统，例如，热带森林、草原或珊瑚礁。

群落生境（Biotope）：一片具有统一环境条件的区域，可为特定组合的植物和动物提供生存场所。群落生境的要义也就是一种生态社区。

粗野主义（Brutalism）：来源于法语"bé ton brut"，原意为"粗糙的混凝土"，是现代主义建筑在 20 世纪 50 至 70 年代间的一种表现形式，以不抹灰的混凝土结构为其典型特征。

建筑信息模型（Building Information Modelling, BIM）：一种虚拟或数字资源，包括宽度、高度和长度等信息（传统上以平面图、剖面图和立面图为代表），另外还包括规格、成本、时间以及其他一些信息。

德国园艺博览会（Bundesgartenschau）：在德国举办的园艺展会，展览一般为期半年，其筹备则通常需要数年时间。

资本价值(Capital value)：一项开发项目中的土地及建筑之价值。

土木工程（Civil engineering）：涉及岩土工程、水资源、结构、海洋、材料工程等专业内容的结构设计领域。

气候变化（Climate change）："在可比时间段所观测到的自然气候变率之外，由于人类活动直接或间接地改变了地球大气成分而导致的气候变化。"——引自 1992 年《联合国气候变化框架公约》（United Nations Framework Convention on Climate Change, UNFCCC）。

公共资源（Common goods Or Commons）：经济学中的 4 种主要资源类型之一，例如国际水域的鱼类资源、煤炭资源、森林、大气、海洋、河流以及气候变化。

公开招标（Competitive tendering）：由通常为匿名的数个投标人进行竞争性投标，并最终被授予合同的过程。

竣工（Completion）：施工合同结束时的程序，包括"施工竣工"（practical completion），意为项目已基本完成，可交付客户使用，但并非所有工作都完成了；"保修完成"（defects completion），意为保修期的结束，在保修期内承建商负责修缮所有工程缺陷；"项目决算"（legal completion），意为最后的工程款都已结清，法律上所有合同当事人都已履行完各自的义务。

保护区（Conservation）：将某些城市片区、乡村、森林、土壤和水域划分出来，以保护、保存、管理或修复其历史及文化遗产、野生动物和自然资源。

城市圈（Conurbation）：成群的城镇、村庄和其他城市片区一起不断扩张，逐渐融合成为一个相连的城市地区。

成本效益估算（Cost benefit evaluation）：用于比较项目效益和成本的系统过程，通过估算每个选项的成本并以预期效益对它们加以比较，来确定是否适宜投资。也被称为成本效益分析。

成本估算（Cost estimate）：基于目前的项目信息（如建筑面积或场所范围）以及以前的案例而做出的项目成本预测。

造价工程师（Cost estimator）：参见估算师（Quantity surveyor）词条。

成本计划（Cost planning）：成本计划预测或估算一个项目需要多少资金用于建造，变量包括数量、质量、时间尺度、碳排放或可持续性的其他方面。

人文景观（Cultural landscape）：经由人类改造而建成的景观。

数据集（Dataset）：一批相关但离散的信息集，由电脑作为一个单元来进行处理。

详细方案（Detail proposals）：为提交给法定审批（如建筑法规），也为了获得客户对下一阶段工作的批准而对材料、技术和工艺标准所做的充分描述。

开发师（Development surveyor）：负责规划和开发，包括评估土地、对房产的使用、开发需求与改造更新进行评估，以及相关的规划实施过程。也被称为规划开发师（planning and development surveyor）。

生态足迹（Ecological footprint）：指个人或社会对环境的影响，以维持他们使用自然资源所需的土地数量来表示，以全球人均土地公顷数计算。

生态学（Ecology）：研究植物、动物、人类社会以及它们相互之间和它们与环境之间关系的科学。

生态系统（Ecosystem）：彼此相互影响，也与其物理及化学环境相互影响的生物体群落。

EIA（Environmental Impact Assessment）：环境影响评价。

碳排放（Embodied carbon）：1. 为了生产商品或提供服务所需要的能量总和。2. 为了交付产品，包括用于维护、拆除和回收它所需要耗费的能量总和。碳排放可以用每千克二氧化碳量的煤当量来表示。

隐含能源（Embodied energy）：提取、加工、运输、安装、维护和处理产品或组件所需的能量，以每千克的毫焦耳数表示（MJ／千克）。

环境评价（Environmental assessment）：在一个开发项目、计划或政策决定之前，用于确保该决策的环境影响已被考虑到的一个程序。

欧洲联盟指令（European directive）：是欧盟的立法，确定了成员国所需达到的特定结果，但未确定实现这些结果的方式。还设立了一份着眼于更广泛领域的框架性指令，但依然没有指定它们该以何种方式实现。

不动产（Freehold）：有永久和绝对所有权、可自由处置的土地或房产。

功能主义（Functionalism）：现代主义的一种原则，认为建筑的形式受其功能的支配。常用的习语"形式追随功能"是由芝加哥摩天大楼建筑师路易斯·沙利文（Louis Sullivan）于 1896 年提出的。

盖亚理论（Gaia theory）：是由科学家詹姆斯·洛夫洛克提出的假说，指出地球的生物圈有利于地球的物理过程如温度、海水含盐量等的稳定，从而使生命能够蓬勃发展。

国际园艺博览会（Garden festival）： 学习德国国际园艺博览会（the German Bundesgartenschauen）模式的短期花园设计和园艺展览，通常为期 6 个月。在荷兰这种博览会每 10 年举行一次，被称为"Floriade"。

总体规划（Genplan）： 该词是俄罗斯"莫斯科重建总体规划"（General Plan for the Reconstruction of Moscow）的一个缩写。

地形学（Geomorphology）： 又称地貌学，是研究地形及其形成过程的科学。

绿带（Green belt）： 围绕某些城市和大型建成区的土地的名称，意在保持其永久对公众开放或基本不被开发。

绿楔（Green wedges）： 从一个城市中心向外辐射的绿道或楔形开放空间，就如哥本哈根 1947 年绿指规划或莫斯科 1935 年总体规划所做的那样。绿楔也是隔开定居点的开放性土地。

栖息地（Habitat）： 有机体或生物群落所生活于其中的自然家园或自然环境，包括所有的生物及非生物因素和条件。

Heempark： 荷兰的一种公园，内有原生植被类型和物种，被用于自然历史的教学。

历史主义（Historicist）： 就景观建筑而言，就是使用历史风格或主题。

灌溉（Irrigation）： 使用人工手段浇水，例如通过喷灌、滴灌、大水漫灌或其他的地表或地下形式灌溉。

土地整理（Land consolidation）： 对地块及其所有权的重新安排，通常是为了形成更大的、更多产的土地。

风景园（Landscape garden）： 布局显示了自然风光影响的园林。

景观规划（Landscape planning）： "……在保护自然过程、重要文化及自然资源的基础上，协调多种土地使用要求的一种活动"——欧文·H.祖比（Ervin H. Zube）。

景观都市主义（Landscape urbanism）： 都市主义规划和设计的一种理论，提出景观能够比建筑更好地组织城市和发展城市生活。

景观及视觉影响评价（Landscape Visual Impact Assessment，LVIA）： 请参见视觉影响评价（Visual Impact Assessment）。

执照（Licensure）： 对职业实践颁发的许可证，尤其是在美国，颁发许可证所进行的审核在州一级由景观建筑注册委员会监督。在其他国家与之相当的是注册，通常申请者须有职业教育背景。

线性公园（Linear park）： 采用穿过城市的线性路径形式的公园，如波士顿的"绿宝石项链"。

场所（Locus）： 发生了某些事或某些事所位于的位置或地方。

低碳经济（Low-carbon economy）： 最大限度减少温室气体排放的经济模式，特别以二氧化碳作为所有温室气体的一个标志。

机电工程师（Mechanical and electrical engineer，M & E engineer）： 担任广泛工程责任的角色，包括分析、设计、制造、供应和机械系统的维护。他们的职责与工程和建设服务有关，包括机械设计、电气和公共卫生系统，也包括地下服务和电气系统。这些服务内容也被称为建筑服务工程（Building Services Engineering）。

大城市（Megacity）： 通常指居民人口数超过一千万的城市。

现代主义（Modernism）： 20 世纪早期的艺术运动，以对装饰及象征的否定为特征，使用简洁的形式和对称布置，它也是对于技术及功能变化的一种回应，乐于采用新材料和结构。在景观建筑中，此风格的标记为不论是结构、铺装还是种植，以及生物形态的水池，都倾向于一种不对称布局和简单的建筑形式。

市政公园（Municipal park）： 由政府负责维护并供公众使用的开放空间或公园。

国家公园（National park）： 由自然、半自然或已开发土地组成的保护区。

自然资本（Natural capital）： 1. 为了给经济生产提供自然资源输入和环境服务而存储的自然资产。2. 进入生产过程和满足消费需求的可再生资源及不可再生资源。3. 具有便利及高效用途的环境资产。4. 维持生命所必需的自然特征，如臭氧层。

新城镇（New Town）： 特指英国 28 个新城镇，其建造是为了容纳那些因 20 世纪 50 年代的清除贫民窟运动而变得无家可归者。日本从 20 世纪 60 年代开始也建造了 30 座新城镇。在荷兰，新城镇的建设与圩田的复垦关系密切。

新城市主义（New Urbanism）： 20 世纪 80 年代以来城市设计界提出的一种趋势，倡导功能混合、适于步行的街区。该运动在美国较为活跃，是对战后开发的以轿车为主导的功能单一的住区、郊区住宅和远离城镇的购物中心的一种反思。

NGO（Non-governmental organization）： 非政府组织。

正交（Orthogonal）： 呈 90 度相交的平面形式。

大气尘（Particulates）： 直径 10 微米或更小的大气细颗粒，既有自然形成的（如火山、森林火灾、沙尘暴、海水喷雾等等），也有来源于人为的（车辆、化石燃料、工业生产等等），植被的种植能减少它们的影响。

植物群落（Plant community）： 在一块划定区域的植物种群构成了统一的斑块，与相邻植被形成对比。

总平面图（Plot layout）： 显示了地块主要特征如道路、建筑物和建筑用地的平面布置图。

圩田（Polder）： 通过修筑堤坝或提高路基来封闭而得到的土地，人工排干了原先其中的河水或海水，这是荷兰和其他低洼的沿海和三角洲地区的一种特色。

圩田开垦（Polder reclamation）： 通过创建圩田获得农业用地或其他用途土地的过程。在荷兰，这项工作的内容包括构筑封闭的堤坝、建设运河排水系统、将水抽至设定的水平高度、通过种植芦苇构建土壤结构，之后再耕种土地。抽水在圩田的整个生命周期一直需要进行，以确保地下水位得到精确控制。

后工业化（Post-industrial）： 指在工业时代遗存场地上实施的项目，不去除原先的工业痕迹反而是将它们特别体现出来。

后现代（Postmodern）： 发展了游戏、装饰、象征和寓意式设计的运动，是对现代主义的一种反动。在景观设计界它始于 20 世纪 70 年代末。

预制（Precast）： 指混凝土在最终施工现场之外的地方制造或加工成形。

原始森林（Primary forest）：基本未受到人类活动影响的森林。也被称为原生林。

私营企业（Private sector）：非国有的经济体，由公司本着追求利润的目的进行经营。

生产信息（Production information）：以图纸、规格、日程表和数量等形式的文档来描述所提议的建设项目，其沟通和协调现已越来越多地使用建筑信息模型（BIM）。

专业费用（Professional fees）：为咨询工作支付给专业人士的报酬，不包括为项目支出的费用。

繁殖（Propagation）：植物通过种子、扦插、嫁接、压条法、微繁殖等进行生殖。种子繁殖涉及会产生遗传变异的有性生殖，而营养繁殖如扦插和嫁接，则会产生一个与亲本植株在基因上完全相同的克隆。

前景（Prospect）：广阔的视野或风景；从任何给定的位置所得到的景观视图。

公共开放空间（Public open space: POS）：公众可进入的开放空间，土地和水都提供运动和户外休闲内容，包括公园和花园、广场、市政空间、自然保护区和绿色廊道、运动场、游乐场地、小块园地（译者注：allotments，意为在英国分配给或租借给私人经营的小块园地）、墓地和教堂院落。

估算师（Quantity surveyor, QS）：估算师估算建设费用，并对项目管理、物资采购、合同管理提供建议。

再开发区（Redevelopment area）：原有建筑物和构筑物由于废弃或使用不当（在规划者看来）已经大部分被破坏，为了新的交通联系和建筑开发而将之拆毁的区域。

注册（Registration）：通过国家性注册获得授予专业身份和执业资格，在国际上与美国执照等效。

带状发展（Ribbon development）：房屋和住区沿着主要道路或有轨电车路线呈线性发展，从一个城市的中心向外辐射，是城市蔓延的原因之一。

刚性铺面（Rigid paving）：在场所使用刚性或相对坚硬的材料铺设的方式，或在坚硬的基础如现浇混凝土上铺设构件。

浪漫主义（Romanticism）：18世纪中期出现的文化运动，与思想和权力的民主化、信仰自由和想象力有关，与启蒙运动的理性主义形成对照。在景观园林中浪漫主义的典型代表是风景如画的英式风景园，它试图再造原野的或"自然的"特性，使用哥特式的、乡村的和古典的内容作为参考和主题。

SEA（Strategic Environmental Assessment）：战略环境评价。

次生林（Secondary forest）：当原始森林植被因人为或自然原因在某个时间点或一段较长时间内被显著清除或扰乱之后，主要通过自然过程再生的森林，它们的结构和（或）林冠物种组成与原生林的差异性较大，也被称为再生林。

叠图分析（Sieve mapping）：建立若干地理图层以创建一种区域可视化，用来显示开发的潜力，是景观规划中衡量限制与机会的过程。

草案（Sketch scheme proposals）：初期的设计开发方案，要在空间安排、材料选用和项目外观等方面获得客户认可，以便进入下一阶段的工作。

投机开发商（Speculative developer）：没有预先租赁或预先安排好买家的建筑或地产的开发商。通常投机开发商追求的可能是项目的销售带来的短期回报。

暴雨水（Stormwater）：由于无法渗透入饱和的土地而沿地表面流掉的多余雨水或其他形式的降水（如雪或冰融化）。

战略环境评价（Strategic Environmental Assessment, SEA）：一种环境评价，旨在评价和指导政策，例如经济政策，它是由2001年颁布的欧盟《战略环境评价指令》（Strategic Environmental Assessment Directive）倡导的。

战略规划（Strategic planning）：一个区域的整体空间规划，显示了开发的主要线形或区段，以及所提议的改变或保护，它也被称为愿景规划。

结构工程师（Structural engineer）：分析建筑物和道路的荷载能力，进行结构设计的工程师。

演替（Succession）：是生态系统内的变化过程，当一个群落建立之后，栖息地被改变，被另一群落替代，直到最后达到稳定状态。例如一片广阔水域演变成沼泽、沼泽地、赤阳林或柳树林，最后变成橡树林。

测量师（Surveyor）：在三维上测量土地的专业人员，其工作成果是大部分规划、建设和开发项目的基础。

可持续性（Sustainability）：通过避免自然资源的枯竭来保护生态平衡。

可持续排水系统（Sustainable Drainage Systems, SUDS）：可持续城市排水系统，包括绿色屋顶、阻留盆地和洼地，通常在建成区以缓慢径流的方式排水以避免洪水。之所以需要这一系统，是因为建筑开发使地面变得不透水，从而导致地表径流增加。

投标（Tender）：为了提供服务或产品，或为合同执行工作而报价，也适用于为提供专业服务而报价。

主题公园（Theme park）：商业娱乐公园，有围绕主题或故事策划的游乐设施，有协调性的景观、布景和业态。

城市设计（Urban design）：对城镇或村落的设计，包括建筑群组、街道、公共空间、邻里和行政区、以及整个城市的设计和安排，以期建造功能合理、富于吸引力和可持续的城市。

城市热岛（Urban heat island）：建成区的平均温度高于周边未开发地区的现象。它的出现是因为建成区的材料颜色深浅，因此就比覆盖有植被的郊区保留了更多的热量，还因为建成区会产生废热。

城市蔓延（Urban sprawl）：是个贬义词，指城市以失去控制的低密度开发方式蔓延，通常以汽车为主要交通方式。

视觉影响评价（Visual Impact Assessment）：对所提议的开发项目在地区景观和视觉资源上可能产生的效果予以度量和评价，也被称为景观及视觉影响评价（Landscape Visual Impact Assessment, LVIA）。

理论可视区域（Zone Of Theoretical Visibility, ZTV）：通过对地区的地形或边界线的分析确定一个开发项目在景观中的理论可视性，所谓"理论"是因为由于树木、建筑物等所导致的视线限制，这种可视性并不能真的达到。理论可视区域确定开发项目不能被看到的区域，但并非所有的非可视范围都需确定。也被称为视觉影响区（Zone of Visual Influence, ZVI）。

参考书目

导言

通用指南和介绍
- Foster, Kelleann, *Becoming a Landscape Architect: A Guide to Careers in Design,* John Wiley & Sons, 2009
- Ormsbee Simonds, John & Starke, Barry, *Landscape Architecture: A Manual of Land Planning and Design,* McGraw-Hill Professional, fifth edition 2013
- Rottle, Nancy & Yocom, Ken, *Basics Landscape Architecture 02: Ecological Design,* AVA Publishing, 2011
- Waterman, Tim, *The Fundamentals of Landscape Architecture,* AVA Publishing, 2009
- Waterman, Tim & Wall, Ed, *Basics Landscape Architecture 01: Urban Design,* AVA Publishing, 2009

传记
- McHarg, Ian, *Quest for Life: An Autobiography,* John Wiley & Sons, 1996
- Stinson, Kathy, *A Love Every Leaf: The Life of Landscape Architect Cornelia Hahn,* Oberlander, Tundra Books, 2008
- Thompson, Ian, *Ecology, Ecology, Community and Delight: An Inquiry into Values in Landscape Architecture: Sources of Value in Landscape Architecture,* Routledge, 1999

杂志
- ASLA Landscape Architecture Magazine http://landscapearchitecturemagazine.org/
- *Bund der Deutscher Landschaftsarchitekten* (BDLA) *Garten + Landschaft* http://www.garten-landschaft.de/
- Landscape Institute's Landscape http://www.landscapeinstitute.org/publications/landscapejournal.php
- Topos (http://www.toposmagazine.com/)
- 'Scape http://www.scapemagazine.com/about.html
- Greenplaces http://www.green-places.co.uk/
- Landscape Architecture Foundation LandscapeOnline Weekly. http://www.landscapeonline.com/products/listing.php?id=11024

专著
- de Jong, Erik & Bertram, Christian, *Michael Van Gessel: Landscape Architect,* NAI Publishers, 2008
- Saunder, William, *Designed Ecologies: the Landscape Architecture of Kingjian Yu,* Birkhaüser, 2012

实用网站
- AECOM: http://www.aecom.com/What+We+Do/Design+and+Planning/Practice+Areas/Landscape+Architecture+and+Urban+Design
- Belt Collins: http://www.beltcollins.com/#/home
- Building Design Partnership: http://www.bdp.com/en/Services/Landscape-Architecture/
- Atelier Dreiseitl: http://www.dreiseitl.net/
- Field Operations: http://www.fieldoperations.net/
- Michael van Gessel: http://www.michaelvangessel.com/
- George Hargreaves: http://www.hargreaves.com/
- Land Use Consultants: http://www.landuse.co.uk/
- SWA: http://www.swagroup.com/
- Agence Ter: http://www.agenceter.com/
- Turenscape: http://www.turenscape.com/english/
- West 8: http://www.west8.nl/
- Kim Wilkie: http://www.kimwilkie.com/

一般景观设计网站
- www.gardenvisit.com/
- *The Field* http://thefield.asla.org/
- http://www.land8lounge.com/
- *The Dirt* http://dirt.asla.org/

薪酬调查
- http://www.bls.gov/ooh/Architecture-and-Engineering/Landscape-architects.htm
- http://www.bls.gov/oes/current/oes171012.htm#nat
- http://asla.org/ContentDetail.aspx?id=11346
- http://www.aila.org.au/surveys/salary.htm
- http://www.landscapeinstitute.org/news/index.php/news_articles/view/how_much_do_landscape_architects_earn/

景观设计的定义
- http://www.iflaonline.org/index.php?Itemid=42&view=article&option=com_content&id=37
http://www.asla.org/ContentDetail.aspx?id=12200&PageTitle=Education&RMenuId=54
http://www.asla.org/uploadedFiles/CMS/Government_Affairs/Public_Policies/Licensure_Definition_of_Practice.pdf
- http://www.bdla.de/seite102.htm
- http://www.landscapeinstitute.org.uk/PDF/Contribute/Landscape_Institute_Royal_Charter_Revised_Version_July_2008.pdf

第1章 景观设计的历史

- Barlow Rogers, Elizabeth, *Landscape Design: A Cultural and Architectural History,* Harry N. Abrams, 2001
- Goode, Patrick, Lancaster, Michael, & Jellicoe, Susan and Geoffrey, The *Oxford Companion to Gardens,* Oxford University Press, 2001
- Jellicoe, Geoffrey and Susan, *Landscape of Man: Shaping the Environment From Prehistory to the Present Day,* Thames & Hudson, 1995
- Turner, Tom, *European Gardens: History, Philosophy and Design,* Routledge, 2011
- — *Asian Gardens: History, Beliefs and Design,* Routledge, 2010

园林设计
- Buchan, Ursula, *The English Garden,* Frances Lincoln, 2006
- Dixon-Hunt, John, *The Picturesque Garden* in Europe, Thames & Hudson, 2004
- Keswick, Maggie, *Chinese Garden,* Frances Lincoln, 2003
- Richardson, Tim, *The Arcadian Friends, Inventing the English Landscape Garden,* Bantam Press, 2007
- Siren, Osvald, *Gardens of China,* Dumbarton Oaks, 1990
- Woodbridge, Kenneth, *Princely Gardens: Origins and Development of the French Formal Style,* Thames & Hudson, 1986

景观设计作为一种专业的发展
- Aldous, Tony, Clouston, Brian & Alexander, Rosemary *Landscape by Design,* Heinemann, 1979
- Beveridge, Charles, *Frederick Law Olmsted: Designing the American Landscape,* Universe, 2005
- Brown, Jane, *The Modern Garden,* Thames & Hudson, 2000
- Hauxner, Malene, *Open to the Sky,* Arkitektens Forlag, 2003
- Landscape Architecture Europe Foundation, *Fieldwork,* Birkhaüser, 2006
  — *On Site,* Birkhaüser, 2009
  — *In Touch,* Birkhaüser, 2012
- Lund, Annemarie, *Guide to Danish Landscape Architecture 1000-2003,* Arkitektens Forlag, 1997
- Newton, Norman T., *Design on the Land: the Development of Landscape Architecture,* Belknap Press, 1971
- Racine, Michel (ed.), *Createurs de Jardins et de Paysages en France du XIXᵉ siècle au XXIᵉ Siècle,* Actes Sud, 2002
- Reh, Wouter & Steenbergen, Clemens, *Metropolitan Landscape Architecture – Urban Parks And Landscapes,* Thoth, 2012
- Uekoetter, Frank, *The Green and the Brown, a History of Conservation in Nazi Germany,* Cambridge University Press, 2006

- http://www.FrederickLawOlmsted.com/
- http://www.olmsted.org/home

不断变化的优先级：生态学、生物多样性与可持续性
- Dinep, Claudia & Schwab, Kristin, *Sustainable Site Design: Criteria, Process, and Case Studies for Integrating Site and Region in Landscape Design,* John Wiley & Sons, 2010
- Gillett, M., *Ecosystems,* Hodder Education, 2005
- Rottle, Nancy & Yocom, Ken, *Basics Landscape Architecture 02: Ecological Design,* AVA Publishing, 2011
- Schulze, Ernst-Detlef, Beck, Erwin & Müller-Hohenstein, Klaus, *Plant Ecology,* Springer, 2005
- Turner, Monica G., Gardner, Robert H. & O'Neil, Robert V., *Landscape Ecology in Theory and Practice: Pattern and Process,* Springer, 2001

- American Society of Landscape Architects, *Sustainable Design Resource Guides and Toolkit*, which range from *Green Infrastructure* to *Maximising the Benefits of Plants* or to *Climate Change*. Each has recommended reading and online resources, see http://www.asla.org/ContentDetail.aspx?id=29222

案例研究

· 英国萨里的佩因斯希尔公园
    http://www.painshill.co.uk/
· 德国鲁尔山谷的埃姆舍尔公园
    http://en.landschaftspark.de/the-park/evolution/iba
    http://www.iba.nrw.de/main.htm
· 荷兰艾瑟尔湖圩田
    http://www.flevoland.nl/english/

· 纽约中央公园
    Barlow Rogers, E., Cramer, E.M., Heintz, J. L., Kelly, B., Winslow, P. N. & Berendt, J., *Rebuilding Central Park: A ManagementandRestoration Plan*, MIT Press, 1987
    http://www.centralparknyc.org/
· 伦敦泰晤士河坝公园
    http://www.arup.com/_assets/_download/download17.pdf
    Holden, Robert, 'Park and Pride', *Architects' Journal* 12/7/2001 pp. 24-33 http://www.architectsjournal.co.uk/buildings/park-and-pride/182988.article
    Racine, Michel, *Allain Provost – Landscape Architect / Paysagiste: Invented Landscapes / Paysages Inventés - '64–'04*, Ulmer Eugen Verlag, 2005

第2章 项目的开展

项目概要、客户类型和费用

- Clamp, Hugh, *Landscape Professional Practice*, Gower Publishing, 1999
- Knox, Paul and Ozolins, Peter (ed.) *The Design Professionals and the Built Environment, an Introduction*, John Wiley & Sons, 2000
- Tennant, Rachel, Garmony, N. & Winsch, C., *Professional Practice for Landscape Architects*, Architectural Press, 2002

- Landscape Institute guidelines http://www.landscapeinstitute. org/publications/downloads.php. Among them is *Landscape Architecture: Elements and Areas of Practice – an Educational Framework*, 2012.
    Appointing a Chartered Landscape Architect: Guidelines for Best Value, 2003 is a guideline for clients. *Engaging a Landscape Consultant: Guidance for Clients on Fees*, 2002 describes the various fee arrangements possible in some detail.
    Landscape Institute, *Pathway to Chartership* http://www. pathwaytochartership.org/login
    Landscape Institute *Guidebook to the Pathway to Chartership*, 2010 http://www.landscapeinstitute.org.uk/PDF/Contribute/LI_Pathway_Handbook.pdf http://fidic.org/bookshop
- A useful introduction to common goods is http://dlc.dlib.indiana. edu/dlc/
- American Society of Landscape Architects (ASLA) professional practice website area, http://www.asla.org/ResourceLanding.aspx equally aimed at supporting those in practice.
    ASLA, *Standard Form Contracts for Professional Services* http://www.asla.org/ContentDetail.aspx?id=14888
- *Bund Deutscher Landschaftsarchitekten* (BDLA) has fee guidance and professional service guidance for its members on http://www. bdla.de/seite95.htm
- *Nederlanse Vereniging voor Tuin en Landschaparchitectur* (NVTL) website http://www.nvtl.nl/service/beroepsondersteuning hosts the DNR or *De Nieuwe Regeling*: 2011, (literally the new rules) the standard Dutch form of professional agreement course in Dutch and English.
- The Australian Institute of Landscape Architects (AILA) refers its members, see http://www.aila.org.au/practicenotes/ to AS4122-2010, *General Conditions of Contract for Engagement of Consultants* published by Standards Australia (ref. http://infostore. saiglobal.com/store/details.aspx?ProductID=143930
- A consultancy agreement based on engineering practice is the Client-Consultant Agreement (White Book), fourth edition 2006, of the International Federation of Civil Engineers (FIDIC)

场所调研

- Beer, Anne R. & Higgins, Catherine, *Environmental Planning for Site Development, A Manual for Sustainable Local Planning and Design*, E and FN Spon, 2000
- Ormsbee Simonds, John & Starke, Barry, *Landscape Architecture: A Manual for Land Planning and Design*, McGraw-Hill, 2006
- Rubenstein, Harvey M., *A Guide to Site Planning and Landscape Construction*, John Wiley & Sons, 1996

案例研究

· 阿姆斯特丹的韦斯特加斯法布里克公园
    http://www.westergasfabriek.nl/en/westergasfabriek-en/park
    http://courses.umass.edu/latour/Netherlands/varro/index.html

第3章 设计的过程

有关场所

- Book, Norman K., *Basic Elements of Landscape Architecture Design*, Elsevier, 1983
- Lynch, Kevin & Hack, Gary, *Site Planning*, MIT, 1984

设计的原则

- Bachelard, Gaston, *Poetics of Space*, Beacon Press, 1994
- Berger, John, *Ways of Seeing*, Penguin, 1972
- Critchlow, Keith & Allen, Jon, *Drawing Geometry: A Primer of Basic Forms for Artists, Designers and Architects*, Floris Books, 2007
- Holtzschue, Linda, *Understanding Colour*, John Wiley & Sons, 2002
- Itten, Johannes, *The Elements of Color*, John Wiley & Sons, 1970
- Olsen, Scott, *The Golden Section*, Wooden Books, 2009
- Porter, Tom, & Goodman, Sue, *Design Primer for Architects, Graphic Designers and Artists*, Butterworth-Heinemann, 1989
- Pye, David, *The Nature & Aesthetics of Design*, A & C Black Ltd, 2000
- Ryan, Mark, *Geometry for Dummies*, John Wiley & Sons, 2008
- de Sausmarez, Maurice & Kepes, G., *Basic Design: The Dynamics of Visual Form*, McGraw-Hill, 1990

环境设计

- Beck, Travis, *Principles of Ecological Landscape Design*, Island Press, 2012
- Ching, Francis, *Architecture, Form, Space and Order*, John Wiley & Sons, 2007
- Hough, Michael, *City Form and Natural Process*, Routledge, 1989
- McHarg, Ian L., *Design with Nature*, John Wiley & Sons, 1995
- Spirn, Anne W., *The Granite Garden: Urban Nature and Human Design*, Basic Books, 1985
- Yeang, Ken, *Designing with Nature: Ecological Basis for Architectural Design*, McGraw-Hill, 1994
    – *Ecodesign: A Manual for Ecological Design*, John Wiley & Sons, 2008
    – *Ecomimicry: Ecological Design By Imitating Ecosystems*, Routledge, 2013

案例研究

· 塞浦路斯阿佛洛狄忒山
    http://www.aphroditehillsresortholidays.com/
· 丹麦罗斯基勒的海德兰德露天剧场
    www.hedeland.dk/
· 挪威奥达的市场和海滨
    www.blark.no/

第4章 景观设计表现

绘图和速写本

- Campanario, Gabriel, *The Art of Urban Sketching: Drawing on Location Around the World*, Quarry Books, 2012
- King, Francis F.D., *Drawing: A Creative Process*, John Wiley & Sons, 1989
- Hutchison, Edward, *Drawing for Landscape Architecture, Sketch to Screen to Site*, Thames & Hudson, 2011
- Reid, Grant, *Landscape Graphics*, Watson-Guptill, 2002
- Sullivan, Chip, *Drawing the Landscape* John Wiley & Sons, 2004
- Wang, Thomas C., *Plan and Section Drawing*, John Wiley

& Sons, 1996
– *Pencil Sketching*, John Wiley & Sons, 2001

- http://gonzogardens.com/
- http://www.urbansketchers.org

三维建模和视频
- Dunn, Nick, *Architectural Modelmaking*, Laurence King, 2010
- Speranza, Olivia, *The Moviemaking with Your Camera Field Guide: The Essential Guide to Shooting Video with HDSLRs and Digital Cameras*, Ilex, 2012

- Chicago Architecture Today
  http://www.youtube.com/watch?v=47lD_XQ5ID8

摄影
- Farrell, Ian, *A Complete Guide to Digital Photography*, Quercus, 2011
- *Lonely Planet's Guide to Travel Photography*, Lonely Planet Publications, 2012

- http://photo.net/ includes Bob Atkins *Digital Cameras – a Simple Beginner's Guide*, 2003

数字化设计
- Bishop, Ian & Lange, Eckhart, *Visualisation in Landscape and Environmental Planning: Technology & Environment*, Taylor & Francis, 2005
- Cantrell, Bradley & Michaels, Wes, *Digital Drawing for Landscape Architecture: Contemporary Techniques and Tools for Digital Representation in Site Design*, John Wiley & Sons, 2010 (raster and vector images and *Adobe Illustrator, Photoshop, and Acrobat*)
- Evening, Martin, *Adobe Photoshop CS5 for Photographers, a Professional Image Editor's Guide to the Creative Use of Photoshop for the Macintosh and PC*, Focal Press, 2010
- Tal, Daniel, *Google SketchUp for Site Design: A Guide to Modeling Site Plans, Terrain and Architecture*, John Wiley & Sons, 2009
- — *Rendering in SketchUp: From Modeling to Presentation for Architecture, Landscape Architecture and Interior Design*, John Wiley & Sons, 2013

- http://www.cadtutor.net/ (AutoCAD, 3ds Max, Photoshop and Bryce)

建筑信息模型
- Crotty, Ray, *The Impact of Building Information Modelling: Transforming Construction*, Routledge, 2011

- http://www.buildingsmart.org/

测绘、航空摄影、卫星图像和地理信息系统
- Corner, James & MacLean, Alex S., *Taking Measures Across the American Landscape*, Yale University Press, 2000
- Cosgrove, Denis, *Mappings*, Reaktion Books, 1999
- Fawcett-Tang, Roger, *Mapping: An Illustrated Guide to Graphic Navigational Systems*, Rotovision, 2005

- The Professional Aerial Photographers Association (PAPA) has a brief useful history and introduction on http://www.papainternational.org/
- NASA websites: a general introduction http://earthobservatory.nasa.gov/
- NASA crew observations http://eol.jsc.nasa.gov
- Specialist NASA collections include the Cities Collection, Volcanoes and Glaciers and one on the Terra satellite, which monitors the Earth's atmosphere, ocean, land, snow and ice, and energy budget http://terra.nasa.gov/
- http://www.esa.int/Our_Activities/Observing_the_Earth

报告撰写
- Shaughnessy, Adrian, *Graphic Design: A User's Manual*, Laurence King, 2009
- Williams, Robin, *Non-Designer's Design Book*, Peachpit Press, 2008

- The UK Design Council lists basic introductions to graphic design at http://www.yourcreativefuture.org.uk/graphic_design/graphic10.htm#

现场展示
- Burden, Ernet, *Design Presentation: Techniques for Marketing and Project Proposals*, McGraw-Hill Inc., 1992
- Reimold, Cheryl & Peter, *The Short Road to Great Presentations: How to Reach Any Audience Through Focussed Preparation*, *Inspired Delivery, and Smart Use of Technology*, Wiley-Blackwell, 2003
- Weinschenk, Susan, *100 Things Every Designer Needs to Know About People: What Makes Them Tick?*, New Riders, 2012

第5章 从设计团队到景观的长期管理

工作阶段
- The Landscape Institute stages of work are described in *Landscape Institute Engaging a Landscape Consultant, Guidance for Clients on Fees*: 2002 available on http://www.landscapeinstitute.org/publications/download/Guidance%20for%20Clients%20on%20Fees.pdf
- RIBA listing of stages is the *Plan of Work* (2007) downloadable from http://www.architecture.com/UseAnArchitect/GuidanceAndPublications/WorkWithAnArchitect.aspx
  http://www.architecture.com/Files/RIBAProfessionalServices/Practice/FrontlineLetters/RIBAPlanofWork2013ConsultationDocument.pdf
- http://www.ribabookshops.com/item/riba-outline-plan-of-work-2007-including-corrigenda-issued-january-2009/100004/

多学科的设计团队、合同
- Chappel, David & Willis, Andrew, *Architect in Practice*, Wiley-Blackwell, 2010
- Lupton, Sarah, Cox, Stanley & Clamp, Hugh, *Which Contract?*, RIBA Publishing, 2007

项目成本估算
- ASLA has resources on sources of finance for landscape projects, see Economic Models: Project Financing Resources ref. http://www.asla.org/ContentDetail.aspx?id=31832
- Davis Langdon *Spon's External Works and Landscape Price Guide 2013* with similar guides on civil engineering and highways, on mechanical and electrical engineering and on architecture and building. The annual publication is supplemented by quarterly updates available via their website.
- Estimating guides, for estimation in the initial stages of a project, for instance:
  Spain, Bryan, *Spon's Estimating Costs Guide to Small Groundworks, Landscaping and Gardening*, 2007
- The Royal Institute of Chartered Surveyors (RICS) publishes the Building Cost Information Service (BICS) available at http://www.bcis.co.uk/site/scripts/home_info.aspx?homepageID=37
- CABE Space cost studies of parks include *Making the Invisible Visible: the Real Value of Park Assets*, 2009 available at http://webarchive.nationalarchives.gov.uk/20110118095356/http://www.cabe.org.uk/publications/making-the-invisible-visible

景观管理
- Barber, Alan, *A Guide to Management Plans for Parks and Open Spaces (plus supplement)*, Institute of Leisure and Amenity Management, 1991
- Van Der Zanden, Ann-Marie, *Sustainable Landscape Management: Design, Construction, and Maintenance*, John Wiley & Sons, 2011
- Watkins, John & Wright, Thomas, *The Management and Maintenance of Historic Parks, Gardens and Landscapes: The English Heritage Handbook*, Frances Lincoln, 2007.

- CABE Space *A Guide to Producing Park and Green Space Management Plans*: 2004 http://webarchive.nationalarchives.gov.uk/20110118095356/http://www.cabe.org.uk/publications/producing-parks-and-green-space-management-plans
- A general introduction to cultural landscapes is http://www.english-heritage.org.uk/professional/research/landscapes-and-areas/protected-landscapes/
- The US National Parks Service http://www.nps.gov/history/

案例研究
· **伦敦2012年奥林匹克公园**
  Hopkins, John C. & Neal, Peter, *The Making of the Queen Elizabeth Olympic Park*, John Wiley & Sons, 2012
  Olympic Delivery Authority (the archived website)
  http://www.culture.gov.uk/what_we_do/2012_olympic_games_and_paralympic_games/6467.aspx
· **英国米尔顿凯恩斯的公园基金会**
  www.theparkstrust.com/

· 荷兰阿姆斯特尔芬的蒂济公园
www.thijssepark.nl/

第6章 教育与就业

教育网站

- An introduction to landscape architecture as a career on the ASLA website: http://www.asla.org/CareerDiscovery.aspx
- Links to a whole series of chatrooms and blogs with public access. http://www.asla.org/sustainablelandscapes/
- Promotion of landscape architecture generally http://www.asla.org/design/
- US schools of landscape architecture http://www.asla.org/Schools.aspx
- Canadian, Australian and New Zealand schools http://www.thecela.org/school-list.php
- The (British) Landscape Institute's website http://www.landscapeinstitute.org/careers/index.php
- http://www.iwanttobealandscapearchitect.com/
- Dutch landscape architecture schools and the professional body http://www.dutchschooloflandscapearchitecture.nl/en/
- Links to other national European associations and their approved landscape architecture programmes http://europe.iflaonline.org/
- European Council of Landscape Schools (ECLAS) http://www.eclas.org/
- A list of national associations worldwide http://www.iflaonline.org/ under Member Associations.

实习

- http://europe.iflaonline.org/images/PDF/120715_landscape_ internshipguide_rh.pdf

个人创业

- Rogers, Walter, *The Professional Practice of Landscape Architecture: A Complete Guide to Starting and Running Your Own Firm*, John Wiley & Sons, 2010

- http://www.architecture-student.com/professional-practice/things-to-do-before-setting-up-practice-in-architecture/

案例研究

· 泰晤士河景观策略

Wilkie, Kim, *Led by the Land: Landscapes by Kim Wilkie*, Frances Lincoln, 2012
http://www.thames-landscape-strategy.org.uk/
http://www.londons-arcadia.org.uk/
http://www.kimwilkie.com/

· 印度拉达克天龙白莲花学院

The school website: http://www.dwls.org/
Arup website: http://www.arup.com/Projects/Druk_White_Lotus_ School.aspx
Podcast about the school: http://www.youtube.com/watch?v=fPjaAcvqmpw
GardenVisit website page on the school with further hyperlinks to blogs and videos: http://www.gardenvisit.com/garden/dragon_ garden_dwls_druk_white_lotus_school

第7章 未来

不断变化的环境

- British Ministry of Defence *Global Strategic Trends out to 2040* http://www.mod.uk/DefenceInternet/MicroSite/DCDC/ OurPublications/StrategicTrends+Programme/
- Dynkun, Alexander A. (ed), *Strategic Global Outlook: 2030* Institute for World Economy and International Relations (IMEMO) of the Russian Academy of Sciences: 2011 http://www.imemo.ru/en/publ/2011/forecasts/11001.pdf
- The US National Intelligence Council *Global Trends 2030: An Alternative Future* (2012) available at www.dni.gov/nic/globaltrends
- United Nations Environmental Programme (UNEP) *Global Environment Forecast 5* (2012) http://www.unep.org/geo/geo5.asp
- International Monetary Fund (IMF) databases, include the World

Economic Outlook Database available by countries at http://www.imf.org/external/
IMF eLibrary on http://elibrary-data.imf.org/

一些挑战

总体环境

- US Environmental Protection Agency: http://www.epa.gov/
Urban heat island effect: http://www.epa.gov/heatisld/
Water efficiency: http://www.epa.gov/watersense/outdoor/ landscaping_tips.html
- The European Union's European Environment Agency website http://www.eea.europa.eu/
is less a basic introduction and more about policy implementation, e.g. EEA climate change, see http://www.eea.europa.eu/themes

人口增长

- UN world population figures: http://www.un.org/esa/population/ Includes future forecasts. figures on urbanization, and migration.
- United Nations Human Settlements Programme, overview of settlement figures: http://www.unhabitat.org/categories.asp?catid=9
- Regarding unplanned and slums, refer to the film *Dharavi, Slum for Sale* (2010) http://www.imdb.com/title/tt1188984/
- Slum Dwellers International http://www.sdinet.org/
- US-based international think tank: http://www.affordablehousinginstitute.org/
- Largely governmental think tank which argues for slum upgrading: http://www.citiesalliance.org
- User network dealing with city living generally: http://urbz.net/about/
- City think tank with an insight into world-wide ideas about large city management world-wide: http://www.citymayors.com

气候变化

- Helm, Dieter, *The Carbon Crunch: How We're Getting Climate Change Wrong – and How to Fix It*, Yale University Press, 2012
- Kemp, Martin (ed.), *Zero Carbon Britain 2030*, Centre for Alternative Technology, 2010 supplemented by their website http://www. zerocarbonbritain.com/
- Stern, Nicholas, *A Blueprint for a Safer Planet: How to Manage Climate Change and Create a New Era of Progress and Prosperity*, Bodley Head, 2009.
- Sullivan, Chip, *Garden and Climate: Old World Techniques for Landscape Design*, McGraw-Hill, 2002

- *Stern Review on the Economics of Climate Change*, H.M. Treasury, 2006 was a study of climate change by the British economist Nicholas Stern, available in 12 languages apart from English and online at http://webarchive.nationalarchives.gov.uk/+/http://www. hm-treasury.gov.uk/independent_reviews/stern_review_economics_ climate_change/stern_review_report.cfm
- The Landscape Institute position statement is *Landscape Architecture and the Challenge of Climate Change*: 2008 and is downloadable from their website from http://www.landscapeinstitute.org/policy/ClimateChange.php
- The ASLA web page on climate change has links to many other websites and resources: http://www.asla.org/climatechange.aspx

回收利用和日常实践

- Berge, Bjørn, *The Ecology of Building Materials*, Architectural Press, 2009
- Holden, Robert & Liversedge, Jamie, *Construction for Landscape Architecture*, Laurence King, 2012
- Thompson, J. William & Sorvig, Kim, *Sustainable Landscape Construction: A Guide to Green Building Outdoors*, Island Press, 2008

- The ASLA sustainability toolkit places such sustainability ideas in a wider context, see http://www.asla.org/ContentDetail. aspx?id=26992

空气

- Calthorpe, Peter, *Urbanism in the Age of Climate Change*, Island Press, 2011

- Gehl, Jan, *Life Between Buildings, Using Public Space,* Island Press, 2011
- Lombardi, D. Rachel, Leach, Joanne & Rogers, Chris, *Designing Resilient Cities: A Guide to Good Practice,* IHS BRE Press, 2012

- Armour, Tom, Job, Mark & Canavan, Rory *The Benefits of Large Species Trees in Urban Landscapes: a Costing, Design and Management Guide* C712 CIRIA: 2012 available at http://www.ciria.org/service/Web_Site/AM/ContentManagerNet/ContentDisplay.aspx?Section=Web_Site&ContentID=22853 link doesn't work
- British Urban Futures research project https://connect.innovateuk.org/web/urban-futures

水

- Dreiseitl, Herbert, *Recent Waterscapes: Planning, Building and Designing with Water,* Birkhäuser GmbH, 2009

- Dutch State *National Water Plan 2009* http://english.verkeerenwaterstaat.nl/english/topics/water/water_and_the_future/national_water_plan/
- The English Environment Agency website http://www.environment-agency.gov.uk/ has flood maps and publications and case studies on coastal retreat (aka managed retreat).
- US Department of Agriculture, National Water Program, http://www.usawaterquality.org/themes/watershed/research/default.html
- The Construction Industry Research and Information Association (www.ciria.org) publishes practical guides on issues such as SUDS (sustainable drainage systems) http://www.ciria.org/service/content_by_themes/AM/ContentManagerNet/Default.aspx?Section=content_by_themes&Template=/TaggedPage/TaggedPageDisplay.cfm&TPLID=19&ContentID=10559

能源

- Glasson, John, Therivel, Riki, & Chadwick, Andrew, A., *Introduction to Environmental Impact Assessment,* Routledge, 2011
- Landscape Institute & Institute of Environmental Management and Assessment, *Guidelines for Landscape and Visual Impact Assessment,* Taylor & Francis, 2002
- MacKay, David J.C., *Sustainable Energy – Without the Hot Air,* UIT, 2009

- For an introduction to what current energy thinking involves for landscape planning scale refer to the Scottish Government site http://www.snh.gov.uk/protecting-scotlands-nature/looking-after-landscapes/landscape-policy-and-guidance/landscape-planning-and-development/landscape-and-energy/

食物和植被

- Warren, John, Lawson, Clare & Belcher, Kenneth, *The Agri-Environment: Theory and Practice of Managing the Environmental Impacts of Agriculture,* Cambridge University Press, 2007
- Westmacott, Richard & Worthington, Tom, *Agricultural Landscapes: A Third Look,* Countryside Agency, 1997

- The Desert Restoration Hub initiated by Greenwich-based landscape architect, Dr Benz Kotzen, addresses the issues of arid lands and combating desertification http://desertrestorationhub.com/
- For a world-wide overview refer to the UN Food and Agriculture Organisation http://www.fao.org/index_en.htm

- One area where landscape architects have taken an interest, is the relatively passive process of Landscape Character Assessment and the UK government agency Natural England has a useful webpage on this at http://www.naturalengland.org.uk/ourwork/landscape/englands/character/assessment/default.aspx where one can download the Countryside Agency and Scottish Natural Heritage *Landscape Character Assessment Guidance, Guidance for England and Wales*: 2002.

- There has, however, been much more interest among landscape architecture in urban agriculture for instance the ASLA introduction *The Edible City* http://www.asla.org/sustainablelandscapes/Vid_UrbanAg.html
- There is a page on urban forestry on the ASLA website http://www.asla.org/sustainablelandscapes/Vid_UrbanForests.html

生物多样性

- http://www.wwf.org/ http://wwf.panda.org/about_our_earth/all_publications/living_planet_report/
- http://www.oneplanetliving.org/index.html
- The International Union for the Conservation of Nature (IUCN) offers conservation databases and action tools. http://www.iucn.org/
- Most countries have their own specialist agencies and NGOs as well, such as: Natural England http://www.naturalengland.org.uk/ US Nature Conservancy http://www.nature.org/

案例研究

· 荷兰国家水系规划

http://english.verkeerenwaterstaat.nl/english/topics/water/water_and_the_future/national_water_plan/
This study was initiated by the Delta Commission of 2007–8 set up to report on the impact of sea level rise, so it is worth reviewing its advice http://www.deltacommissie.com/en/advies

· 伦敦沙德泰晤士河的漂浮花园

http://www.savethemoorings.org.uk/
Elaine Hughes's own website is http://elainehughes.co.uk/?page_id=647

· 孟加拉国达卡的柯瑞尔贫民窟

The Bangladeshi television ATN news report on the work of landscape architect Khondaker Hasibul Kabir in the Korail http://www.youtube.com/watch?v=YM7eSOJLJ1g
Alex Davies *Creating Public Green Space on a Lake in One of the World's Densest Slums,* 2012 at http://www.treehugger.com/urban-design/community-garden-lake-bangladesh-improves-slum.html

· 荷兰北部海岸线

http://www.arcadis.com/index.aspx
http://www.arcadis.nl/Pers/publicaties/Documents/10-1710%20Flood%20protection%20and%20risk%20management%20low%20res.pdf
Giardino, Alessio, Santinelli, Giorgio & Bruens, Ankie *The State of the Coast (Toestand van de kust) Case Study: North Holland,* Deltares, 2012 1206171-003 at
http://repository.tudelft.nl/ downable from http://discover.tudelft.nl:8888/recordview/view?recordId=HYDRO%3Aoai%3Atudelft.nl%3Auuid%3A74695605-a373-4667-8942-796251e955d7&language=en

索引

programme of work 68, 69, 135, 140, 141
project management 68, 138
    stages of work 58, 60, 69, 134–5, 147
Promenade Plantée, Paris (Vergely) 40
Provost, Alain (Groupe Signes) 74, 144
public-sector as clients 75, 150
public spaces 8, *9*, 38, *48*, *78*, *81*, *93*, 147, 150, *193 see also* urban design

recycling 86, 186, 188, 192, *193*
reflection pool, Town Center Park, Costa Mesa, California (Walker) *60*
regeneration projects 44–5, 52, 136–7
Regent Street and Park, London (Nash) 96, 141, 150
Renaissance garden design 23, *81*, 92, 96
Repton, Humphry 24, 96
restoration projects 30–1, *51*, 70, *147*
Ribeiro Telles, Gonçalo 65
Riemer Park, Munich, Germany 144
Rio Manzanares, Madrid (West 8) 42, *43*
roads and motorways *12*, 27, 28, 58, 60, *89*, *93*, 188
Rodin Museum, Paris *101*
Rogers, Elizabeth Barlow 70
Roman garden design 20, 23
roof gardens 50, *89*, *91*, 104, 182, 184, 188, *189 see also* green roofs
Room 4.1.3 38
Rose, James C. 27, 38, 99
Rotorua geothermal lakes, New Zealand *47*
Rotten Row Gardens, Glasgow, UK 144
Rousham, Oxfordshire, UK *97*
Royal Avenue, Chelsea, London *195*
Rue Faidherbe, Lille, France *12*
Russia 16, 23, 28, 36, 85, 158, 160, 164
Ruys, Mien *28*

Sangam Nagar slums, Antop Hill, Mumbai, India *176*
Sasaki, Dawson and DeMay 94
satellite imagery *55*, 123, 125, 126
School courtyard, London 116–17
Schouwburplain, Rotterdam, the Netherlands *89*
The Scoop, City Hall, London (Foster and Partners) *94*
sculpture museum, Kröller-Müller Museum, Arnhem, the Netherlands *28*
Seifert, Alwin 28
The Serpentine pavilion, London *94*
Sha Tin Town Park, Hong Kong *29*
Shanglin garden, Xianyang, China 20
Shepheard, Peter 38
Sinai Desert shelter, Egypt *78*
Sissinghurst, Kent, UK 92, *93*
Sitta, Vladimir (Room 4.1.3) 38
Somerset House fountain court, London *89*
Sørensen, C. Th. 99
South America 160, 164, 174, 180, 184
South Bank, London *9*, *106*
Spain 16, 168, *173*
Speer, Albert 96
Square Jean XXIII, Notre Dame, Paris *106*
stewardship 15, 32, 50, 65, 148, 194
Stockholm Woodland Crematorium, Sweden (Asplund and Lewerentz) *38*
Stockley Park, London (Lipton) 68
Stowe Gardens, Buckinghamshire, UK (Bridgeman and Kent) *19*
Strøget, Copenhagen, Denmark (Gehl) 92
sustainability issues 46, 51–2, 86, 150, 170–1, 174, *175*, 180, 184, 192
Switzerland 158, 184

Thames Barrier Park, London (Patel Taylor/Groupe Signes) 68, 74–5, 144, *146*, 147
Thames Landscape Strategy (Wilkie) 166–7
Thijsse, Jacobus Pieter 28, 152
Tower Place, London *10*
Town Center Park, Costa Mesa, California *60*
Townshend, Peter 40, *41*
Trafalgar Square, London *106*, *195*
transport *9*, 32, 36, 72, 106, 141, 147, 188 *see also* cars
trees and tree planting *14*, 30, 38, 54, *62*, 74, 108, 180, *181*, 188, *195*

see also forests; woodlands
Tschumi, Bernard 91

UNESCO Building, Paris *89*, *193*
United Kingdom
    city planning 36, 52
    environmental issues *185*, 192
    landscape architecture 15, 16, 28, 52
    national parks 32
    parks 144
    training in landscape architecture 158, 164, 168
United States
    conservation and protectionism 32, 52
    ecological issues 184, *185*
    landscape architecture 15, 16, 24, 26, 58, 144
    national parks 27, 32
    roads and motorways 27
    training in landscape architecture 158, 160, 163, 164, 168
Unwin, Sir Raymond 36
urban design 8, *10*, 40, 52, 83, 85, 150, 184 *see also* city planning
urbanization 180, 184, 188
urbanism and anti-urbanism 40, 92, *93*, 149

Vallejo defense housing project, California, USA (Demars and Eckbo) 27
Van Gessel, Michael *60*
Vaux, Calvert 24, 70
Vaux, Downing 26
Vaux-le-Vicomte, Ile de France, France *97*
Venlo Floriade 2012, the Netherlands *10*, *14*, *59*, *60*, *62*, *90*, *97*, *103*, *189*, *193*, *195*
Vergely, Jacques 40
Versailles, Paris *89*, *106*
Viana Barreiro, António 65
Vik, Rune 108
villa gardens, Aphrodite Hills Resort, Cyprus *14*, 130–1

Walker, Peter *17*, *60*
walls 88, 91, 99, 101, 106, 108, 170, *193 see also* green roofs and walls
water features *17*, 58, *60*, 86, *93*, 108
    fountains 23, 68, *89*, 108, 141
    lakes 15, *25*, 26, 30, *47*, 60, *64*, 68, *71*, *149*
    natural *47*, 54, *81*, 104, 186
    rills *12*, *23*, *97*
waterfalls and cascades *66*, *81*, *86*, *89*
    see also pools; wetlands
Water Gardens, London (Hicks) 91
water quality issues *43*, 44, *66*, 177, 178
water supply issues 44, 86, 150, 170, 174, 177, *180*, 188
Weller, Richard 38
West 8 42, *43*
Westergasfabriek Park, Amsterdam (Gustafson Porter) *12*, 66–7, 144
wetlands and wetland planting *12*, *47*, *51*, 54, *66*, *133*, *137*
    see also peat bogs
Whyte, William H. 119
Wiepking-Jürgensmann, Heinrich 28
Wilde Weelde garden, Venlo Floriade 2012, (Helmantel) the Netherlands *193*
Wilkie, Kim 166
woodlands 28, 36, 50, 72, 104, 148, 152, 170, 184 *see also* forests

Yellowstone National Park, Wyoming, USA 32
Yosemite National Park, United States 26, 32, *33*, 52
Youngman, Peter 38

Zabeel Park, Dubai *89*
Zoetermeer Floriade Landscape Masterplan, the Netherlands *10*
ZVT (Zone of Theoretical Visibility) analysis 52, *53*, 126

图片来源

除如下所列图片，其他照片均由作者拍摄；书中所有手绘线稿均由杰米·利沃塞吉（Jamie Liversedge）所绘。

8a Mary Hooper; 11d Crown Copyright http://goc2012.culture.gov.uk/flickr/olympic-park-aerial-photo/ re-use of this information resource should be sent to e-mail:psi@nationalarchives.gsi.gov.uk; 11e Aero Camera Hofmeester; 13b D.Paysage; 17b Paddy Clarke; 22a British Library/Robana via Getty Images; 25a Paddy Clarke; 26a Frances Benjamin Johnson Collection, Library of Congress. source http://www.loc.gov/pictures/item/92501035/; 27b Courtesy of the Westchester County Archives; 27c Library of Congress, Prints & Photographs Division, FSA/OWI Collection, reproduction no. LC-USF34-072401-D; 32b Thinkstock; 33b National Park Service; 35b Région Ile-de-France; 35c Cornwall Council; 36a RIBA Library Photographs Collection; 38a Getty Images; 39c Room 4.1.3; 40b OMA/ *Architecture d'Aujourhui*; 41D Paddy Clarke; 41e Mary Hooper; 41f Mary Hooper; 41g Paddy Clarke; 41h Mary Hooper; 42a West 8 Urban Design & Landscape Architecture; 42b West 8 Urban Design & Landscape Architecture; 42c Municipality of Madrid; 53a and b David Watson; 55a NASA; 55b NASA; 55c NASA; 55d Istock/cgnznt144; 55e Ministerie van Verkeer en Waterstaat, Rijksdienst voor de IJsselmeerpolders; 64a Mary Hooper; 67b Gustafson Porter; 70a Paddy Clarke; 71b Mary Hooper; 71c–e Paddy Clarke; 87f Lanitis Development Ltd.; 90c The Centurion Club Ltd., St.Albans; 91a Bernard Tschumi; 92b and c Marian Boswall; 93g Clouston; 99c Christopher C. Benson/ KAP Cris; 108–09 All images Bjorbekk & Lindheim AS Landscape Architects; 117 All images Gollifer Langston Architects; 122 Both images David Watson; 125 European Space Agency, Galileo; 126 All images Shelley Mosco; 127 Both images David Watson; 135 D. Paysage; 136a Paddy Clarke; 137b and c Peter Neale; 137d Sue Willmott; 137e London Legacy Development Corporation; 145b Grant Associates; 146c Grant Associates; 165 Olin/ Sahar Coston-Hardy; 167 All images Kim Wilkie; 171 All images Simon Drury Brown; 172 NASA Earth Observation mission 30 satellite crew photograph; 177 Istock (photographer Joseph Nickischer); 178–79 All images Dutch Ministry of Infrastructure and Environment (Ministerie van Infrastructuur en Milieu); 186–87 All images Khondaker Hasibul Kabir; 190–91 Arcadis/Hoogheemraadschap Hollands Noorderkwartier/ beeldbank.rws.nl Rijkswaterstaat, the Netherlands.

Jacket image: High Line Park, Manhattan, © Cameron Davidson/Corbis

致谢

本书的出版要感谢以下这些人士的耐心支持和帮助：本书主编彼得·琼斯（Peter Jones）、最初的编辑丽兹·法伯尔（Liz Faber）、书籍设计师迈克尔·伦茨（Michael Lenz），以及委托我们写作此书的 Laurence King 出版公司的编辑部主任菲利普·库珀（Philip Cooper）。

这本书献给格林威治大学景观设计专业的学生们，30 年来他们曾不断给予我们以启发和激励。